青少年快乐成长必读丛书

学生课外
趣味实用小发明

本书编写组◎编

世界图书出版公司
广州·上海·西安·北京

图书在版编目（CIP）数据

学生课外趣味实用小发明 /《学生课外趣味实用小发明》编写组编．—广州：广东世界图书出版公司，2010. 8（2021.5 重印）

ISBN 978 - 7 - 5100 - 1524 - 3

Ⅰ．①学… Ⅱ．①学… Ⅲ．①创造发明 - 青少年读物 Ⅳ．①N19 - 49

中国版本图书馆 CIP 数据核字（2010）第 160302 号

书　　名	学生课外趣味实用小发明 XUESHENG KAIWAI QUWEI SHIYONG XIAOFAMING
编　　者	《学生课外趣味实用小发明》编写组
责任编辑	陈世华
装帧设计	李　超
责任技编	刘上锦　余坤泽
出版发行	世界图书出版有限公司　世界图书出版广东有限公司
地　　址	广州市海珠区新港西路大江冲 25 号
邮　　编	510300
电　　话	020-84451969　84453623
网　　址	http://www.gdst.com.cn
邮　　箱	wpc_gdst@163.com
经　　销	新华书店
印　　刷	三河市人民印务有限公司
开　　本	787mm × 1092mm　1/16
印　　张	10
字　　数	120 千字
版　　次	2010 年 8 月第 1 版　2021 年 5 月第 10 次印刷
国际书号	ISBN　978-7-5100-1524-3
定　　价	38.00 元

前　言

我们的衣、食、住、行现在如此方便和丰富，是人类发展史上各项创造发明的成果。发明的成果极大地提高了人类的生活、工作、学习的质量。编写这本书的目的是让大家了解各种各样的实用小发明，虽然这些不是促进人类发展的大发明，但是却在使人们更方便生活的方面，起到了立竿见影的效果。

所谓小发明，是指在日常学习、生活、劳动中，对那些感觉到用起来不称心、不方便的东西或方法，运用自己学过的科学知识，设计、制造出目前还没有的更称心、更方便的新物品或新方法。跟“大发明”比较起来，小发明选择的范围比较窄，解决的问题比较单一，使用的材料比较好找，所花的经费也不多，所以称为“小发明”。

这些小发明都有以下特点：

(1) 小发明都具有新颖性。所谓新颖性是指在这个小发明之前，还没有出现过同样产品或者方法。也就是说，大家都还不知道这个小发明所表达的事物所使用的形式。一般情况下，这个小发明在市场上买不到同样的产品，也在传媒中缺乏介绍。同样的发明，既没有由他人向专利局提出过申请并记载于专利申请文件中，也没有由他人申报参加各级发明创造比赛。当然，如果你在别人的发明上增加了新的功能、新的方法、新的用途，或是将原有的几件物品巧妙地组合在一起，构成一个新个体，增加了新的功能，那也算具

有新颖性。

（2）小发明都有先进性。所谓先进性是指小发明同原来的同类产品已有的技术相比，有突出的实质性特点和显著的进步。

（3）小发明都有实用性。所谓实用性是指小发明能够在某种领域制造或使用，并且产生积极的效果。换句话说，小发明必须要能够做成实实在在的物品，不能只是想法或设计图纸，而且还要能够解决生产生活中的实际问题。

本书的内容分为生活小发明、学习工具小发明、科技小发明和玩具游戏小发明4个版块，每个版块都分为Ⅰ和Ⅱ两部分，Ⅰ主要介绍一些由于涉及专利而不便于介绍制作步骤的获奖发明的思路、简要过程和特点，这些小发明的作者都是中小学的学生；Ⅱ主要介绍一些广泛流传的小发明的思路和详细制作方法。

另外，在书的最后，列了2个附录，分别介绍了关于创造发明常用的方法和创作程序。希望您通过阅读本书，能够了解发明创造的真谛，勤于动脑动手，从而有所收获！

目　录

生活小发明

学习工具小发明

科技小发明

玩具游戏小发明

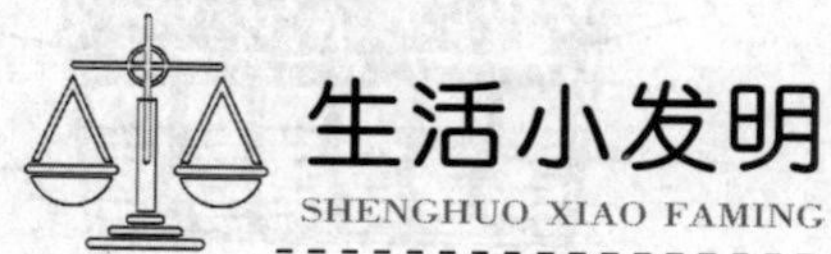

生活小发明

SHENGHUO XIAO FAMING

在我们的日常生活中，总会发现各种各样的不方便的地方，让生活变得有点糟糕。比如捣蒜的时候，总会有跑出来的蒜瓣或者溅到身上的蒜汁，或者被热菜烫坏的新桌布，或者是老人感到穿针引线越来越难，或者……这些真是让人烦恼啊！

其实，在善于动脑的人眼里，所有的不方便都有其解决之道，唯一的方法就是发明更好的办法或用具。所以这本书的开篇部分就选择向你介绍各种各样的生活小发明。顾名思义，所谓生活小发明是指那些用于日常生活的各个方面的小发明小创造。

在生活小发明里，主要选择了一些使人们生活更方便的小发明。这些小发明的发明者着眼于生活中某种不便之处，积极开动脑筋利用科学的原理和简单的材料给予解决。他们解决方法也许并不是最好的，希望你在读完之后能够提出更好的解决办法。

I

简易干鞋器

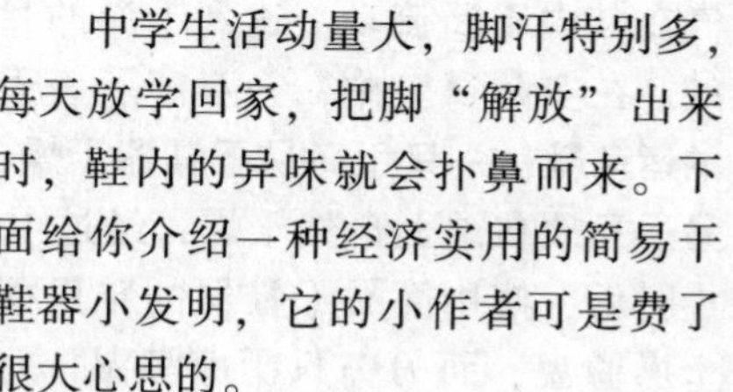

中学生活动量大，脚汗特别多，每天放学回家，把脚“解放”出来时，鞋内的异味就会扑鼻而来。下面给你介绍一种经济实用的简易干鞋器小发明，它的小作者可是费了很大心思的。

他想：要使鞋内干燥，一是对鞋内加热，二是加强空气对流。如果用电吹风吹热风，温度太高会使鞋子脱胶；如果用冷风吹，要吹1~2小时才有明显的效果，这又影响电吹风的寿命。直到有一天他看到一种智能PTC自控加热限温电缆，它的最高加热温度为65℃，超过温度会自动断电，才豁然开朗，很快发明了简易干鞋器。

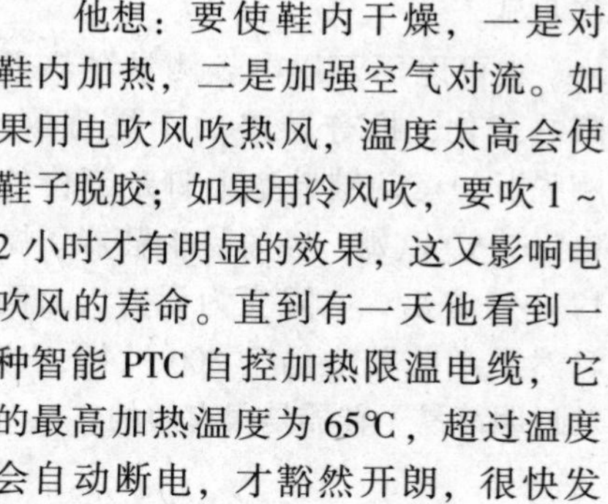

简易干鞋器主要由进气管、排气管、智能PTC自控加热限温电缆

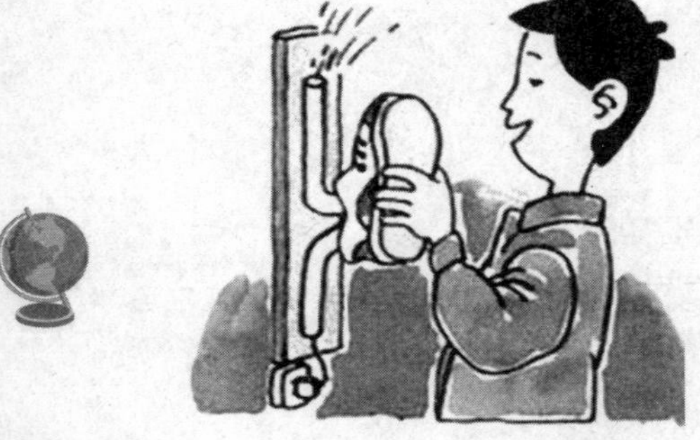

1.纱布　2.棉花　3.木板　4.棉条　5.水

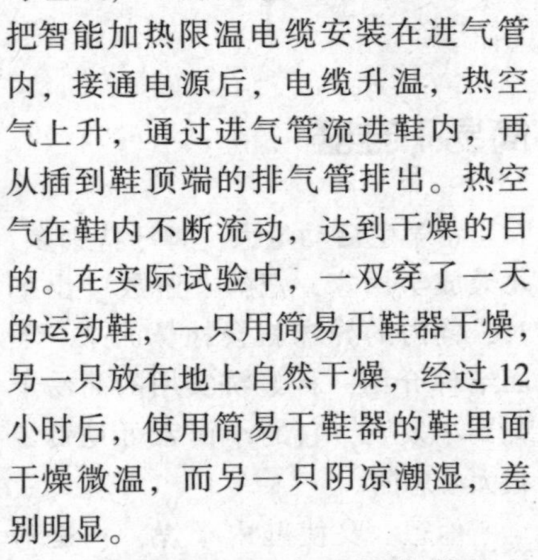

等组成，可固定在墙上或架子上。把智能加热限温电缆安装在进气管内，接通电源后，电缆升温，热空气上升，通过进气管流进鞋内，再从插到鞋顶端的排气管排出。热空气在鞋内不断流动，达到干燥的目的。在实际试验中，一双穿了一天的运动鞋，一只用简易干鞋器干燥，另一只放在地上自然干燥，经过12小时后，使用简易干鞋器的鞋里面干燥微温，而另一只阴凉潮湿，差别明显。

也可以用万用电表测量鞋垫电阻的变化，检查鞋垫的干燥程度。刚脱下的运动鞋鞋垫大脚趾部位的电阻是90欧姆，经简易干鞋器干燥12小时之后，电阻变为无穷大，而自然干燥的鞋垫仍有500欧姆，这就说明简易干鞋器是很有效的。

自动吸水豆芽床

这个自动吸水豆芽床小发明，曾经获得全国青少年科学技术创造发明二等奖。

作者是湖南宁乡老粮仓中学学生丁伟文。他喜欢吃豆芽，家中经常生豆芽。为促使豆芽快发快长，要不断洒水，程序很麻烦。他想：能不能让水自动上升浸湿豆芽床，使豆芽床保持一定湿度，而不用经常洒水呢？什么装置能使水自动上升呢？后来他想到煤油灯芯和煤油炉芯自动吸油的原理，就把这个原理移植到豆芽床上来，他在豆芽床上铺一层棉花，棉花下面穿过孔向下装许多灯芯似的布条或棉纱条，其下端浸入水桶中。产生毛细管现象，水就通过布条吸到棉花上来，再浸湿豆芽床上的绿豆或黄豆。这种豆芽床可以自动上水，用于家庭生豆芽非常方便。

本发明取材来源容易，棉花、布条都可自取，木板可做豆芽床，水桶可用家用提水桶。每个家庭不妨试试。自己动手制作出美味又卫生的豆芽，是不是觉得自己很能干呢！

滑块式扶正器

钉长钉子时，经常有把钉子砸弯的时候，这里给你介绍的这个滑块式扶正器就可以解决这个问题。

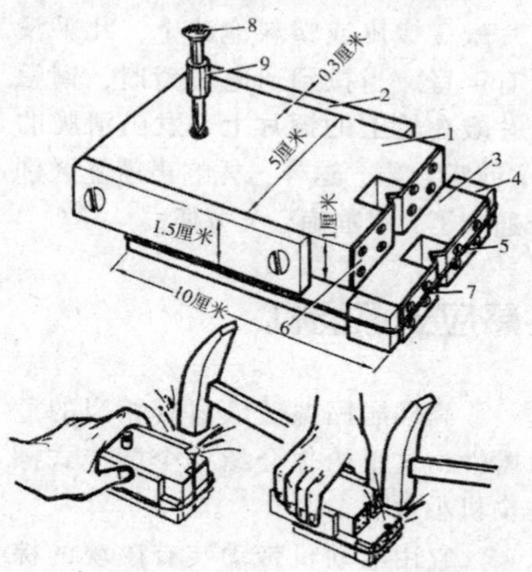

如图所示，1 与 3 为木制的滑块，2 为固定在上滑块 1 两侧的导板。4 为挡板，5、6 为固定在滑块端部的铁片，铁片中央折成三角形，作为钉子的“靠身”。当导板 2 与挡板 4 接触时，两块铁片的三角形凹槽连成一体。7 为橡皮筋或橡皮条，用来挡住钉子。8 为固定钉，9 为塑料环。当钉子较短，或已钉入一部分时，可将上滑块 1 向后拉开，压下钉子 8，就能固定住。图下方为滑块式助正器的工作情况。先把钉子插入三角槽和橡皮条之间，即可用榔头敲击。由于钉子的长短不同，滑块的厚度一般应能钉住一条铁皮为好（铁皮的最小宽度约 5 毫米）。

充气雨衣

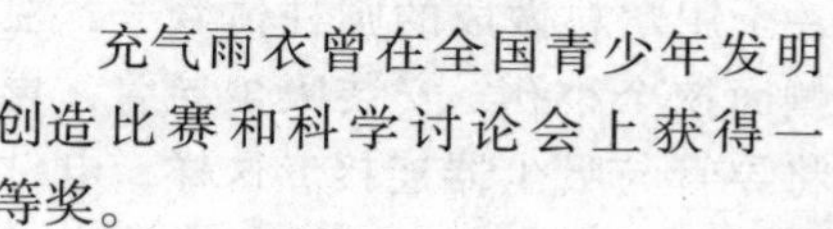

充气雨衣曾在全国青少年发明创造比赛和科学讨论会上获得一等奖。

充气雨衣，又名吹气衣。普通的雨衣，穿着起来下摆总爱贴在裤腿上，雨水就会流到裤腿上和雨靴里，这大概是人们不爱使用雨衣的原因。充气雨衣在普通雨衣的下摆边添装一条可充气的、适当粗细的塑料管子。使用时在管子中吹气，雨衣下摆就被撑起，避免裤腿和雨靴被淋湿，如图所示。

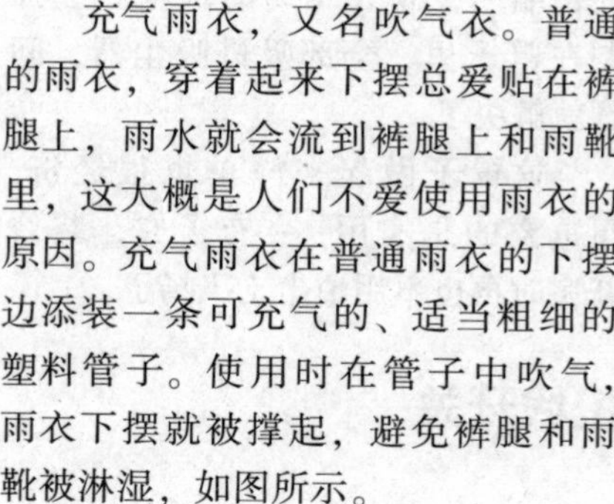

电钻吸尘罩

这个小发明的作者发现装修时，

工人用电钻在墙壁上钻孔搞得满屋子都是灰尘，影响健康。就一直在考虑，能不能把灰尘吸到吸尘器里呢？

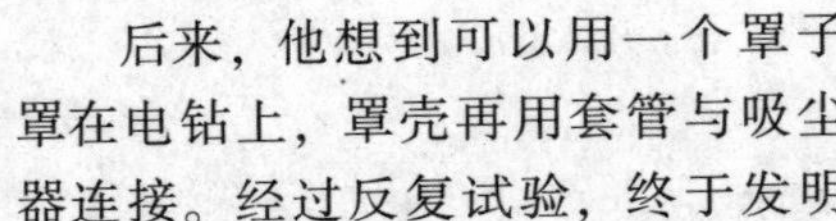

后来，他想到可以用一个罩子罩在电钻上，罩壳再用套管与吸尘器连接。经过反复试验，终于发明

了这个电钻吸尘罩。这个吸尘罩是一个用塑料做成的圆柱体管子，在侧面挖个小孔，安装吸尘导管，再将导管与吸尘器连接。这样，电钻在钻墙时，满天飞扬的灰尘就会控制在罩子里，全部吸进吸尘器，问题就解决了。

这罩子做起来简单也很经济，更重要的是实用——有了它，装修新房时再也不用怕尘土飞扬了。

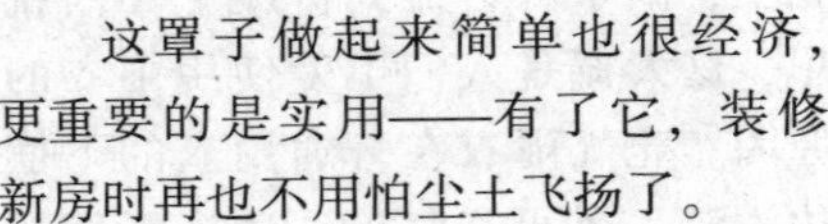

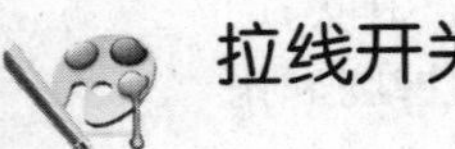

拉线开关

宿舍里的电灯开关很多都是拉线开关，停电以后，来回拉几次开关，就不知道它是开着还是关着。等到没人的时候来了电，电灯白白亮着，既浪费，又危险。

其实，你可以试着对拉线开关作一点改进，只要听一听响声就能准确判断拉线开关是开着还是关着。改造的时候，只要在开关棘轮无铜片的齿面上，粘一层薄胶皮。

当开关拉到断电位置时，铜触片敲在橡皮或塑料泡沫上，几乎没有声音。当拉到通电位置时，铜触片敲在轮上的铜片上，发出清脆的“咔嗒”声。这样，凭响声就能区别通断了，又准确，又方便。

感应式擦窗机

高楼居民擦玻璃窗有相当的危险性，这里给你介绍一个感应式擦窗机小发明。

它用电动机带动装有磁块的棕刷，电动机由一曲臂将另一块附磁铁的棕刷置在窗玻璃的另一面，磁

体相互吸引，使两个棕刷紧贴窗玻璃。

当电机启动旋转时，窗外棕刷底盘——铝盘受变化磁场感应产生

涡流（原理与电表转盘相同），棕刷也随着绕轴转动。两边棕刷贴窗旋转，窗很快可擦干净。

自动牙签盒

这是一个自动牙签盒小发明，按一次按钮就能自动竖起一根牙签。在盒子里，有一个三角形的签槽。签槽底部有一条窄缝，缝里装着托签板，托签板与按钮杆相连。按下按钮，托签板下落，牙签落到板上；松开按钮，弹簧把托签板顶起，同时，托签板的上部凹槽里托起一根牙签。由于牙签的一端被挡住，牙签就竖了起来。

蜡烛灯

蜡烛是人们常使用的一种照明工具。即使在今天，有时停电也要用到它。

特别是在农村、山区，蜡烛更是农家的必备品。但是蜡烛有许多缺点，如烛焰怕风，烛体不易固定，亮度不能控制……怎样改进呢？

先考虑固定烛体与防风，这点好解决。将蜡烛插在一个铁筒中，罩上一个玻璃罩就可以。但其他矛盾也随之而来了，蜡烛越烧越短，烛焰如何保持在灯罩的最佳中心位置呢？可以把卡口式灯泡的固定方式借用到蜡烛灯上来，安个弹簧就行。

靠近烛焰的烛质受热软化，又不能充分燃烧，白白耗费。怎样使蜡烛不“流泪”呢？解决这个问题，必须不断降低蜡烛顶部温度，使热量向四周传导散发。汽车的发动机前面均有金属散热片，是否也可以把这借鉴到蜡烛灯上来呢？在金属润肤香脂盒上钻一个大孔（使套蜡烛的铁筒能插进去即可），然后找一铁片剪成适当的圆形，在中心打一个同样的大孔，将剪好的散热片焊接在盒上（二者的大孔要对齐）。做好后，套在灯头上一试，效果很好。

怎样控制烛焰的亮度呢？当然不能像油灯那样调整灯芯的长短，蜡烛是固体。可以用内外两个带气窗的套圈套在一起（内圈就用散热片下面的铁盒，外圈用一另做的塑料圈），通过转动这个气门来控制空气流量，实现了调节烛焰亮度的愿望。

蟑螂诱捕器

蟑螂是污染食物、传播疾病的害虫，大家都很讨厌它。我们常常看到居民小区里树上挂着的捕蝇笼，苍蝇钻进去就被关住了，又想到曾看见两只蟑螂爬进空瓶后出不来的

情景，便打算用这个方法设计一个蟑螂诱捕器。

先把一个大饮料瓶拦腰切割成3段，然后将上段反套在下段里，并在下段上面钻几个小孔，诱捕器就做好了，如图所示。在里面放一些蟑螂爱吃的有香味的食物，放在蟑螂出没的地方。香味从小孔透出，蟑螂被吸引来，从漏斗形上段的瓶口里爬进去，就再也爬不出来了。这种蟑螂诱捕器取材方便，制作简单，你也做一个试试看！

新型泡菜坛

传统的泡菜坛为两头小中间大的形状，只有一个开口，这种泡菜坛有一个很大的缺点：挑一块腌好的泡菜非常困难，往往要花很长时间从上翻到下才能找到。此外，传统的泡菜坛样式陈旧，非常难看。

而这种新型泡菜坛既能保留传统泡菜坛的所有功能，又可以不用翻动即可很容易地找到已腌好的泡菜，同时还能把它变为一件可以用来欣赏的工艺品。它把传统泡菜坛变为“U”形，且开2个口，一个口用于放要腌的泡菜，另一个口用于取已腌好的泡菜同时在外表画上一些美术画，作为装饰，使它变成一件非常漂亮的装饰品。“U”形泡菜坛的优点有：①保留了传统泡菜坛的所有功能；②外形变成“U”形，加上外表的装饰可以使它成为一件非常漂亮的工艺品；③“U”形泡菜坛开了2个口，解决了翻动寻找的麻烦，解决了生熟相混的问题。

简易安全切碎机

在厨房里切洋葱、姜、辣椒时，强烈的气味使人难以忍受，常会流泪，有时还会流涕。简易安全切碎机的发明可以解决这个问题，它是一种不让气味扩散，又能安全切碎蔬菜的用具。

如图所示，切碎机由刀柄、弹簧、刀片、护筒、垫板五部分组成。

操作时，只需要轻轻按下刀柄，即可切菜。松手后，刀柄自动弹回原位。它可将食品切得很碎，又不

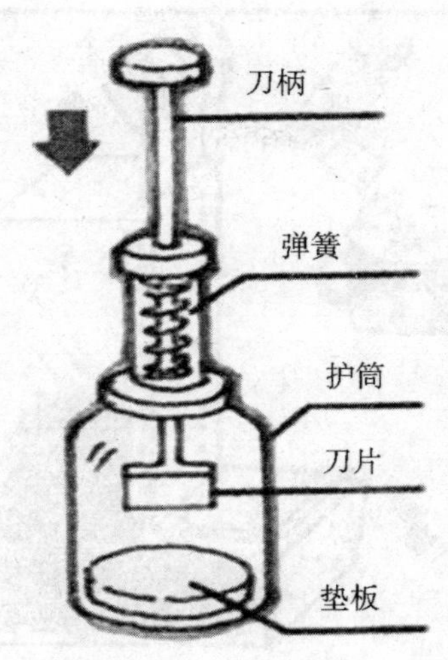

会伤及手指。切碎的菜屑不会溅出来，而且气味也不扩散，不会刺激眼睛与鼻子。

由于是多刀同时切削，提高了操作效率，并且容易清洗，用后只要在水龙头下冲一冲，就干净了。

无泪蜡烛

现在市场上出售的蜡烛使用时有一个缺点：点燃不久，蜡液就会溢出来，沿着蜡烛往下流，弄脏了桌面，还浪费了石蜡。

怎样才能不流烛泪呢？其实，可以用薄铁片卷一根细管，比蜡烛芯略粗一点，管外套一个硬纸板剪的小圆板，把这个灯芯管套在蜡烛芯上。点燃蜡烛以后，由于小圆板挡住了火苗的辐射热，所以蜡烛周围的石蜡熔化很慢。铁管把热量传给灯芯附近的石蜡，使它熔化供应燃烧。这样石蜡就不会溢出来了。

防风衣架

现在流行的晾衣架，一般都有没有防风功能，刚刚洗好的衣服，挂到绳子上晾晒，风一吹，经常会落到地上，又要重新洗。小发明“自锁式防风衣架”能为您解除烦恼。如图是自锁式防风衣架的原理图：

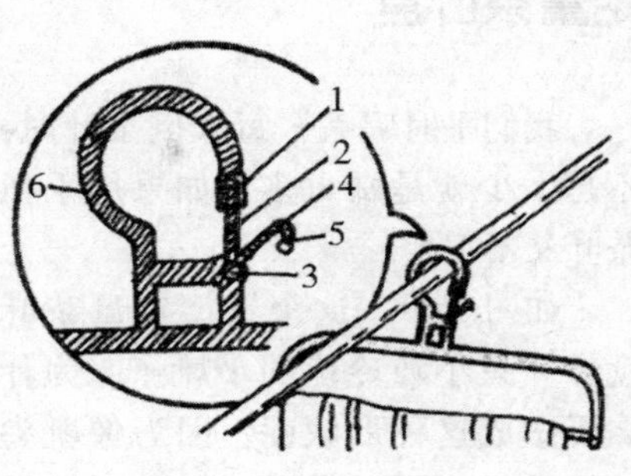

在图中，（1）锁套，（2）锁柱，（3）转轴，（4）曲柄，它们组成一个杠杆。该杠杆在配重（5）的作用下，以（3）为支点转动。晾晒衣服时，只需用手或挂钩向上托起曲柄（4），在重力作用下，锁套（1）和锁柱（2）自动分离，使用者可顺利将衣钩挂在绳上，然后松开曲柄，在配重（5）的作用下，锁柱（2）

自动与锁套（1）结合在一起，完成自锁过程，任凭风怎么吹，也不会落下。取衣架的过程也很简单：只需用手或挂物钩将曲柄（4）向上托起，锁会自动打开，使用者很方便地取下衣架。

自锁式防风衣架不但可以用手挂到绳子上晾晒衣物，如果要将衣服挂到较高处晾晒，只需用挂物钩托住曲柄，就能轻松挂上或取下衣物。该衣架制作简便，如果工厂能用注塑件批量生产则成本低廉，可靠性好，会受到用户欢迎。

定量茶叶盒

我们平时喝茶，每次倒茶叶时，不是太少就是嫌太多，如果用手抓茶叶又不卫生。

如图所示，这个靴型定量茶叶盒像一只小巧玲珑的小靴子。为什么要做成这种形状呢？因为像靴尖一样的口，可以做进口，也可以做出口。配上独特的活动阀门，就实现预想的功能了。

如何使用它呢？很简单，也很方便：只需打开靴顶处略微突起的阀门，轻轻一拉，通过透明的盒面，你将会看到茶叶向靴尖涌去，要多点，就把阀门拉得大些，要少点，就拉小些。当然，这时候靴头开口处是关着的。

防触电插座

这个防触电插座是一个叫做徐琛的同学发明的，他是受到弟弟触电事件的影响，决心发明一个防触电插座的。

有一次，他的小弟弟把一根铁钉插进电源插座孔里，只听“唉哟！”一声，弟弟跌倒在地上，还不停地喊：“很麻，很麻！”爸爸知道后，狠狠地批评了弟弟一顿。徐琛想：能不能设计一种不会触电的插座呢？他想了好多办法，归纳到一点，就是如何解决铁钉伸不进去，而插头却能伸进去的问题。

经过多次试验和改进，终于设计出了防触电插座。

具体做法是：在铜片和插座盖之间装上两道活门，使第一道活门打开时，只能打开另外一个孔的第二道活门，却打不开本孔的第二道活门。因此，从一个孔插入的东西不能继续通过第二道活门，无法接触带电的铜片，这样就起到了防触电的作用。而当插头从两个孔同时插入时，第二道活门就会同时打开，这时，这种插座就同普通插座一样方便。

新型插座

现在家用电器普及，电源插头很多。有些人图方便，拔电源插头时不捏插头，而去拉电线，造成插头电线损坏，有时还会触电。这个新式插座就是针对这个问题而设计的。

插座面板如图所示，只有两个与面板平齐的有盖的柱销孔与一个按钮。插座内部结构如下图，当插头插入时，两个塑料活动销孔盖被压入孔壁，下面的两个弹性柱销被压缩，当插脚到位时，上面的两个塑料活动销就被弹出，锁住插脚（插脚上有槽），以免向后滑出，柱销上的铜圈正好与孔壁的电极弹性铜圈接触，电源导通。需要拔出插头时，按下按钮，两个塑料活动销孔盖弹回，插脚自动弹出，断开电

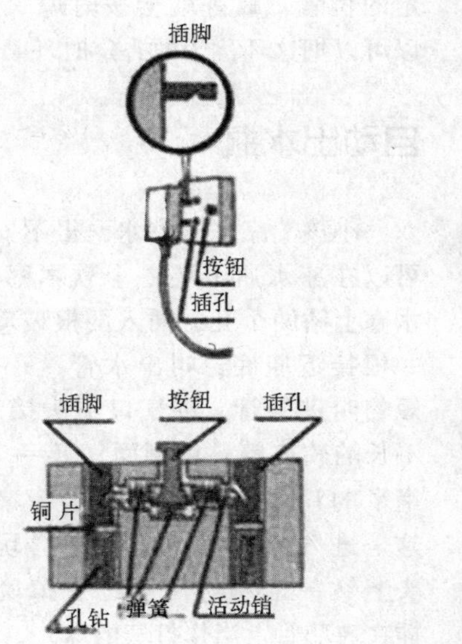

源，同时按钮复位。

它可以避免用手拉电线拔插头的不良动作，也可以防止幼儿玩弄插座；更可以防止插头松脱、断开。

蚊香定时环

夏天点蚊香的时候，应该在适当的时候把它弄灭了。如果有时忘记了，会把一盘蚊香都烧完，浪费蚊香不说，室内烟气太大也不舒服。

可以用铝片做了一个小铝环，把它套在蚊香的某一个位置，烧到那里，铝环会把香头的热传走，蚊香就灭了。你可以多试几次，找出不同时段蚊香燃烧的长度；然后按照需要点燃的时间，把铝环卡在一

定的位置，蚊香就会按时熄灭。所以可以把这环称为蚊香定时环。

自动出水瓶

小孩端凉水瓶倒水，很不安全。可以在凉水瓶上装一个软木塞，软木塞上钻两个孔，插入两根玻璃管。一根接近瓶底，叫出水管：另一根短的叫进气管。进气口下头接一根不长的软皮管，从侧面切开一个10毫米的口子，下头用圆木棒堵死，这是进气阀。找一个软塑料玩具，头上钻一个小进气孔，去掉圆哨，插在玻璃管上当作打气的球。

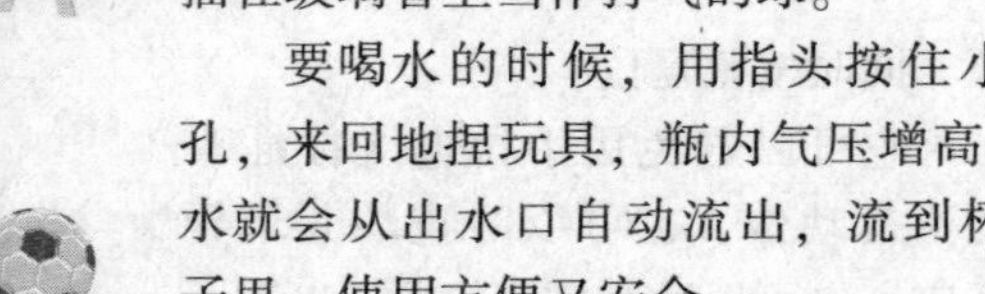

要喝水的时候，用指头按住小孔，来回地捏玩具，瓶内气压增高，水就会从出水口自动流出，流到杯子里，使用方便又安全。

方形漏斗

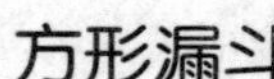

家里常用漏斗的下端一般都是圆形的，用这种漏斗往瓶子里灌水或油的时候，常常要提起漏斗，使漏斗与瓶口之间有一个空隙。否则，就会“噗噗”地直冒气泡，液体流得很慢，甚至流不下去。

如果把漏斗下端改成方形，往瓶里灌液体的时候，瓶里的气体会沿着瓶口的空隙跑出来，不必再提漏斗了。

套洗袜

每次洗完衣服后，将成双的袜子挑拣出来晾挂往往是件烦恼的事。虽然可以在洗涤之前用饰扣将成双的袜子固定住以解决这个问题，但是这种方法容易使洗后袜子变形，穿得也不舒服，而且也不适用于女式尼龙长袜上。

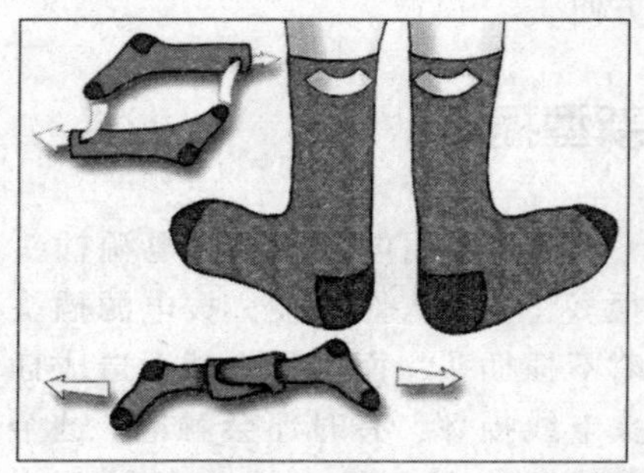

如图所示的套洗袜可以有效地解决以上问题。在袜子生产过程中，在成双的每只袜子袜口处留下一道口子。在洗袜子之前，将成双袜子的脚尖部分分别穿过配对袜子的口子，一拉形成活结，这样一来，可以在洗的过程中保持配对。当洗完后，可以方便解开晾在一起。

自流气压热水瓶

气压热水瓶很方便，用手一压瓶盖，水就流出来。但是，它也不

能放手，手一松，水就不流了。如果要接满一杯水，手要压几次才行。

而这里介绍的自流气压热水瓶，只要用手一压，水就源源不断地流下来。手松开，照样流。当杯子接满水以后，按一下漏气阀，水就不流了，非常省劲。这种改进的气压水瓶是根据虹吸原理来工作的。当用手压瓶盖时，水面受到压力，把水压进虹吸管，当虹吸管的出水头比瓶内液面低时，水就一直会流出去。如果需要停止放水，只要按一下漏气阀，使虹吸管漏气，虹吸破坏了，水就不再流了。

安全水果刀

用一般水果刀削水果，皮不容易削薄，而且不安全。现在教给大家制作一把安全又方便的水果刀。它由塑料瓶和转笔刀上的刀片组成。瓶上开一个洞，便于出果皮，刀片用轴固定在瓶上，可以旋转，用时倾斜在瓶里，刀刃露在瓶外。露出长短可以调整，这样就可以削不同的水果了。

开口挂环

现在很多家里都用大的落地窗帘，窗帘比较重，一般用封口的金属环挂在金属杆上。当窗帘脏了要洗的时候，拆下来很费力，可以照如图所示设计一个开口挂环，用它挂窗帘，装卸都很方便。

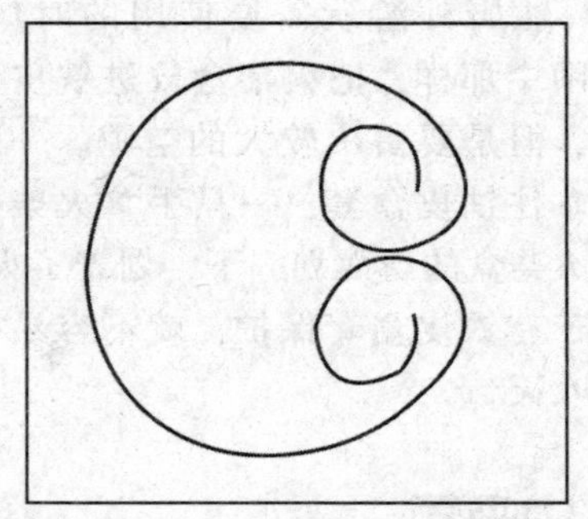

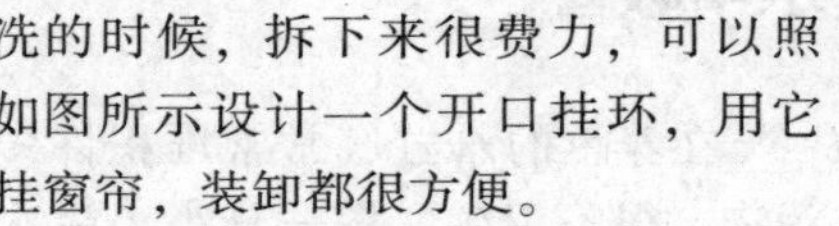

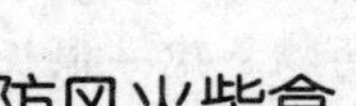

防风火柴盒

虽然现在火柴在生活中使用比较少了，但是外出旅游还是必需品，毕竟它比打火机携带更安全。刮风的时候，在野外划火柴很难划燃。你不妨照着下面介绍的这个小发明做一个防风火柴盒，就能够划燃了。

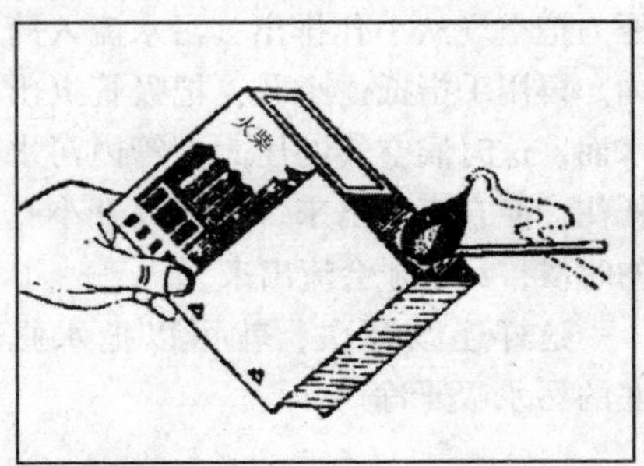

用白铁片，按图中的样式，结合火柴盒，设计好长、宽、高合适的尺寸，画线、裁剪、折叠做好就行了。

去野外游玩需要使用的时候，像图中那样，把火柴盒放进铁皮盒套，但是要留出较大的空隙。一只手拿住铁皮盒套，一只手拿火柴梗在火柴盒的磷面划一下，划着了火，由于有铁皮盒套保护，就不容易被风吹灭。

水中吸管

在养鱼的水缸底常常堆积许多污物，很不卫生。做一只小小吸水管，可以除去这些污物。找一根长与水缸差不多高，直径约为 3 ~ 3.5 厘米的竹筒。除了在竹筒的一端留下两个节头以外，其他节头用烧红的小铁棍烫通。再在节头下部 1 厘米左右的地方开一个小孔，吸水管就做好了。

用手指抵住小孔，把打通节头的一端放入水缸底部。放开小孔，水下压力把空气从小孔排出，污水流入筒内。再用手指抵住小孔，把吸管提出水面。这时候空气的压力把管内污水托住，使它流不出来。只有放开小孔的时候，污水才会流出来。

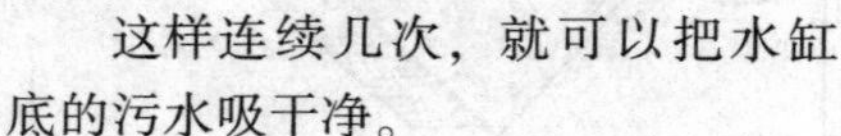

这样连续几次，就可以把水缸底的污水吸干净。

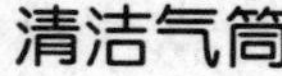

清洁气筒

我们平时使用的气筒活塞杆上有润滑油，不但容易粘上尘土，还容易弄脏衣服。要克服这个缺点，可以在活塞杆上套一根折叠式防油软管。管的两端分别装在手柄和气筒上端。压下手柄软管可以折叠缩短，提起手柄软管可随着展开伸长。这样就可以把活塞杆封闭在软管里了。

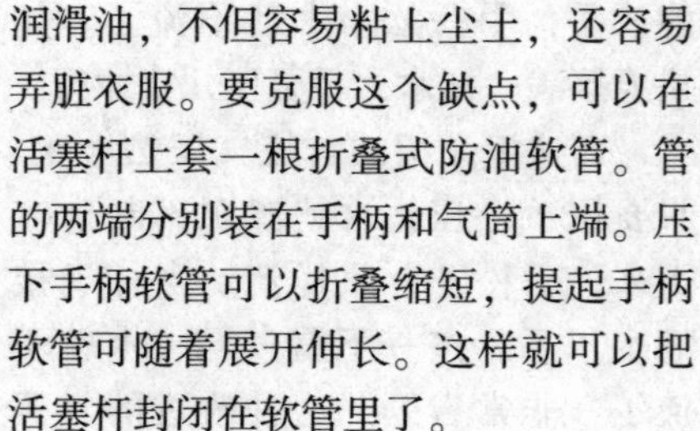

三腿多用梯

图中这架梯子只有三条腿，却有双梯、单梯和手推车等多种用途。

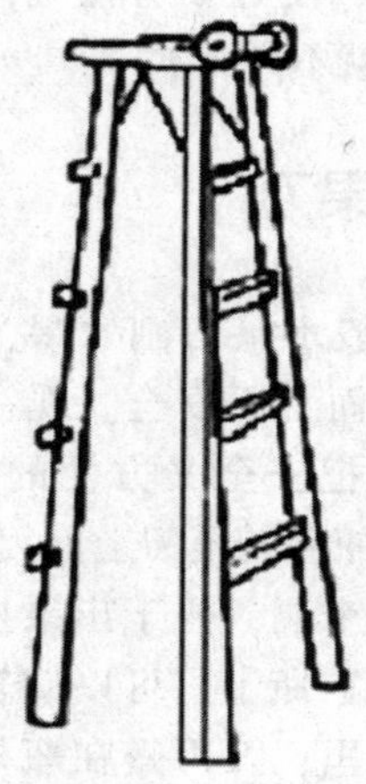

三腿分立，挂上下面的挺钩，就与四腿梯一样，成为双梯。将第三条腿沿中间的合页翻上去，插上插销固定，就可以把两节梯子接起来，成了二腿单梯。将中间合页的轴抽掉，把第三条腿拆下来，剩下的二腿梯又成为一辆小手推车。这样设计用料省，用途多，比较充分

地发挥了一件工具的潜力。

Ⅱ

抓老鼠翻板

这是在家里一个捉拿老鼠的好方法，操作简单、经济实用。

材料和方法

找一个深一点的水缸（水桶也可以）。用三合板或其他薄板，锯成直径比水缸内径小5毫米左右的圆片，圆片中线固定一根比水缸外径长一些的细棒，作为翻板。翻板的材料越轻越好。

翻板做好后，将细棒两端头搭在缸口，翻板的一边也搭在缸口，使板面与缸口平行，让翻板能在缸口翻动自如。

使用的时候，水缸里放少许水；翻板不搭在缸口上的那边固定少许老鼠爱吃的食物。只要贪食的老鼠踏上翻板，必定逃脱不了淹死的命运。

铁钉助正器

在日常生活中常要碰到钉钉子，虽然这是极普通的手艺，可是要使钉子能垂直地钉入木块内，也不太容易。这里介绍一种适于钉小钉子的“助正器”。

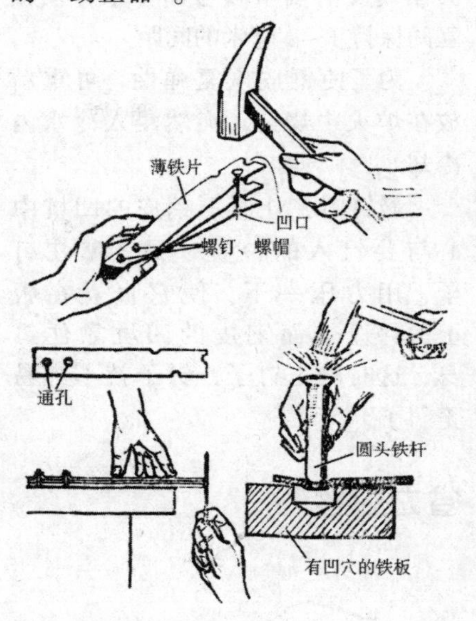

材料和方法

剪2~3条长约10厘米、宽约2厘米的薄钢皮，如钢皮难找到，用弹性较好的薄铁皮代替也可以。

为了在钢皮上打孔和锉出凹孔，应先放在炉火中烧红，让其自然冷却，然后参考图示，在它的尾部钻出两个约3.5~4毫米的小孔，将钢皮放在有凹穴的铁板上，让小孔对着凹穴，把直径大于小孔的圆铁杆头部放在小孔上，用榔头敲击铁杆另一头，使小孔边缘下陷，然后凹凸相叠，插入螺钉，使螺钉头正好在凹坑内，旋紧螺帽。一手把叠着的钢皮压紧，一手拿锉在钢皮前端和两侧锉出半月形凹坑。用老虎钳

夹住钢皮前端略微弯曲一下，使相互间保持1~2毫米的间距。

为了使钢皮恢复弹性，可重新放在炉火中烧红，突然浸入冷水内冷却。

敲钉时，让底下钢皮的凹坑中心与要钉入的位置一致，拿住钉子，用力压一下，使它直立在板上，并让上面钢皮的凹坑靠住钉身，这时敲击钉子，钉子就不容易歪斜了。

省力螺丝刀

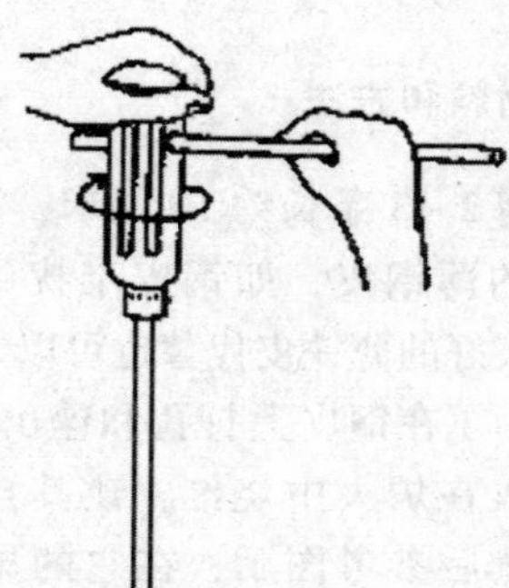

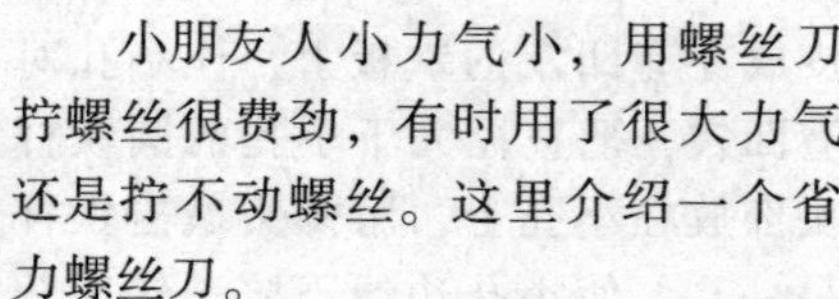

小朋友人小力气小，用螺丝刀拧螺丝很费劲，有时用了很大力气还是拧不动螺丝。这里介绍一个省力螺丝刀。

材料和方法

在螺丝刀的木柄上，用钻子钻一个小孔。

找一根能插进小孔的铁棍，备用。

拧螺丝钉时，一手向下按紧螺丝刀，一手用力扳动铁棍，作圆周运动。本来拧不动的螺丝，现在就能较容易地拧下来。逆时针转能把螺丝钉拧松，顺时针转能把螺丝钉拧紧（如图所示）。

多用吸尘器

积聚在角落里的灰尘总是难以清除，躲在暗中的蚊子也不易消灭。这里给你介绍的多用吸尘器就是解决这些问题的一个小发明，它能非常方便地捕捉蚊子和吸收灰尘，一机两用，经济实惠。

材料和方法

如图1所示，叶轮由叶片1和叶盘2组成。剪一张直径为4毫米的圆铁片，中央钻个约1.5毫米的小孔。用铅笔和圆规在圆铁片上均匀地分成8等份，以便确定焊住叶片的位置。

用铁皮剪8片长13毫米、宽8毫米的长方形片。按照标出的8条直线，将它们垂直地焊住在叶盘2上。

图中3为盒体，有点像蜗牛形状。它由上、下盖板和开口圆环组成，具体尺寸形状见图。开口环的

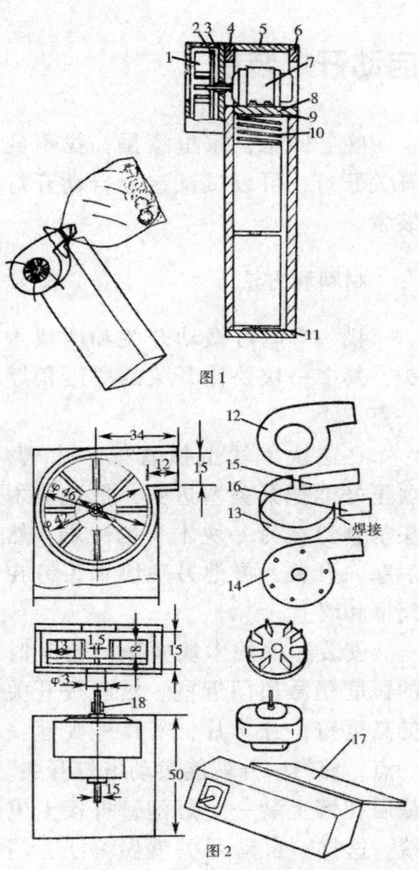

1叶片，2叶盘，3叶盒，4左面板，5木盒，6右面板，7玩具马达，8夹板，9铝片，10弹簧，11铝片，12上盖片，13开口环，14下盖片，15长条片，16短条片，17电池盒盖，18套圈

环口由两片条形铁片焊在圆环的缺口上而成。辘长的一片的长度为34毫米，较短的长12毫米。把焊好的开口环再焊在下盖片上，然后把叶轮放进有底盖的环里，让小马达（玩具店出售的玩具马达）的转轴伸入下盖片φ7毫米孔内并插入叶轮上φ1.5毫米小孔内（一般小马达的转轴为φ1.5毫米），如过紧而插不进，可把孔稍稍锉大一些。由于马达转轴上装有套圈，可顶住叶轮，不致与下盖片相碰。套圈的下端与马达壳体应留一间隙。

做一只长约180毫米、宽约50毫米、厚约40毫米的木盒，如图1所示，4为左面板，5为盒体，6为右面板，8为夹板，固定在木盒内。用铁皮7将玩具马达固定在夹板8上面。木盒内夹板以下放置2节一号干电池。马达的导线通过铝片（或铜片）9、11及弹簧10与电池正负极连接。为安装方便起见，右面板最好做成“门”式，可打开、合上。面板4上部开一较大的孔（方的或圆的均可），以便让马达转轴穿出。

在上述诸件装好后，接通导线，让带有叶轮的马达试转一下，如无问题，可取下叶轮，将小螺钉穿入下盖片小孔内，使叶轮盒体固定在左右板4上。装上叶轮，在能正常运转的情况下，可将叶轮小孔与马达转轴的头部焊在一起。放上上盖片，并沿缝焊住。

接通电源，如从叶轮盒的开口中有风吹出，把一些小纸屑放在桌上能自上盖片的大孔内吸入，再从开口处吹出，即做成功了，如开口处无风，可将导线交换连接。

使用时可将一只较小的塑料袋

（内放些湿的“海绵”），扎紧在开口边缘上，接通电源，让轮盒的上盖片对着需吸灰或躲藏蚊子的角落，你可清楚地看到，灰尘或蚊子从大孔吸入又被吹入塑料袋里。

说明：有关尺寸仅供参考，读者可根据不同材料适当放大或缩小各部分的尺寸。

改进牙刷

用普通牙刷刷牙时，牙膏沫往往顺着牙刷把儿流到手上，很不方便。可以在牙刷把上做一点小改进，克服这个缺点。

材料和方法

如图所示，找合适的材料做成图中的带有翻起围边的伞状防护罩，中心扎一个孔，套在牙刷把儿的中部。这样就能够有效阻止牙膏沫流到手上或袖口上。刷完牙用水一冲，就把防护罩洗干净了。

自动开灯装置

晚上回家，家里漆黑，找不到开关开灯，可以试试这个自动开灯装置。

材料和方法

找一个电灯微动开关和两块木头，其中一块要比开关的厚度稍厚一点。

在这块木块上横着挖一个槽，要正好能把开关塞进去，把这块木头垂直钉在另一块木头的一端，然后塞入开关，再把另一块木头钉在门框和墙上。

安装开关的木块要按门打开时的弧度稍微离门近些。然后按开关的高度钉一片木片，木片一头锉扁一点，使门一开就能拨动电灯开关。最后在墙上装一个灯泡，再接上电线。这样，自动开关就做好了，门一开，灯就亮，再找开关就方便多了。

太阳灶

太阳灶是通过把太阳能的辐射聚集起来获取热量，进行炊事烹饪食物的一种装置。它不烧任何燃料；没有任何污染；正常使用时比蜂窝煤炉还要快；和煤气灶速度一致。

买一个太阳灶也不是很便宜，其实，我们可以自己动手制作一个满足自己做小吃的太阳灶。

材料和方法

1. 找一个大号手电筒上的凹面反光碗。

2. 用硬质泡沫塑料或木料削成一根长约 4 厘米的圆柱体，直径以正好能紧紧塞进反光碗的圆孔为宜。

3. 在圆柱的一端横向钻一个细孔，穿入一根直径相当于孔径的铁丝，然后将露在圆柱外的铁丝两头扳折成 90°，各留 5 厘米即可。

4. 把圆柱塞入反光碗的圆孔内，再将铁丝两端插在一块泡沫塑料或木质底板上。

5. 将一根细竹签的两头削尖，一头插在反光碗中央的圆柱上，另一头插上一小块土豆。

现在，把这个装置放在太阳下，让反光碗朝着太阳的方向。然后，耐心地调节竹签长度，让插上去的土豆正好位于发光焦点上。要不了多久，土豆就会被太阳光烤熟，发出香味。

壁挂花篮

生活中有很多东西都是可以再次利用的，比如饮料瓶、易拉罐等。现在介绍一个用饮料瓶自制一个壁挂花篮。需要的材料和工具有：雪碧饮料瓶 2 个、胶水、刻刀、剪刀。

材料和方法

1. 将一只雪碧饮料瓶的绿色底套取下，剪成莲花状，翻转向下和瓶身粘成底座。

2. 在绿色底套上截取 2 厘米宽的绿色环，仍套在瓶身上。

3. 去掉瓶颈，在瓶上剪出 13 厘米长、8 厘米宽的宽带一条，和 3 厘米宽的窄带若干条。

4. 用刻刀在 3 厘米窄条上刻出花纹，然后将这些窄条向外翻折，由下向上插入绿色环中。

5. 取另一只饮料瓶，利用瓶身，用剪刀剪出 6 片 17 厘米长的蒴叶。

6. 将花篮钉在墙上，插入叶子、鲜花，壁挂式花篮就做成了。

放在家里的客厅或者你的卧室，欣赏一下，是不是很漂亮呢？可以用贴画把外瓶壁再装饰一下，就更漂亮了。

手电筒

手电筒是能够手持的电子照明工具，一般典型的手电筒都有一个经由电池供电的灯泡和聚焦的反射碗，并有供手持用的手把式外壳。

手电筒是生活的好帮手，下面教你用废易拉罐做一个简易的手电

筒，虽然不如买来的精致，但是却易修易用。

材料和方法

1. 将一只废易拉罐（如露露饮料罐）的一头盖子去掉，把另一头盖子用圆头榔头敲凹。

2. 用厚瓦楞纸板卷起2节一号电池，电池正极朝上、负极朝下装入罐中。

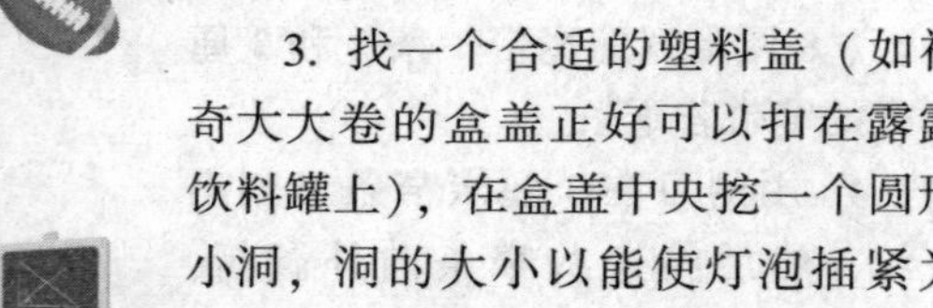

3. 找一个合适的塑料盖（如神奇大大卷的盒盖正好可以扣在露露饮料罐上），在盒盖中央挖一个圆形小洞，洞的大小以能使灯泡插紧为宜。将灯泡底座插入小洞。

4. 取一段普通电线，两端剥去线皮，一端绕在灯座上，另一端从塑料盖侧面扎一个小孔穿出，然后把塑料盖盖在易拉罐上。检查一下，灯泡、电池是不是紧密接触。

到这里，这个简易手电筒就做好了。使用时，用大拇指把从侧壁穿出的导线按在从拉罐无油漆的焊缝上，手电筒就会发光，大拇指离开导线跳起，手电筒就灭了，使用非常方便。当然为了美观，你也可以把易拉罐身上贴上贴画等等！

报纸晾衣架

晾小孩的衣服时，会遇到衣服小衣架大而挂不上，或需要晾的衣服太大，晾晒后会在肩膀处留下衣架边的痕迹的情况，对家庭主妇们来说能解决这个问题，也是对家务劳动的一大贡献。下面就学习用旧报纸来解决这个问题，用报纸制作更合理的晾衣架。

材料和方法

将旧报纸沿对角线卷起来成为一根细棍，用胶带把口封好，把报纸棍放到衣服的肩膀处，找到衣服肩膀处的两个点，按住，以这两个点为折点，把报纸棍两端向上折，折上去的两段调整到一样长度，用胶带粘牢，衣架就基本做好了，剪掉多余的部分，用S钩就可以轻松得把衣服挂上去了。如果衣服比较大，可以用两张报纸并排卷成棍就可以了。

新型鸡毛掸子

如果你想参与到家庭劳动里，又不觉得枯燥，动手做一个能计时的新型鸡毛掸子吧！

材料和方法

首先找一个能伸缩的长棒（大棍套小棍），再把家里那个普通的鸡毛掸子上的毛拔下来，固定在那个能伸缩的长棒上，最后，在长棒上装一个计时器，这个新型鸡毛掸子

就完成了。

这个鸡毛掸子清扫地方时既能伸缩，又能用计时器看打扫了多长时间，从而提高劳动效率，真是一举三得啊！

新式捣蒜法

夏天，人们经常用蒜调凉菜。但是，在碗（或其他器具）里捣蒜的时候，蒜却从碗里蹦出来。这里，教你一个好办法不会使蒜从碗里蹦出来。

材料和方法

用一块纱布，绑在捣蒜锤的把上，纱布刚好盖在碗上，如图所示。捣一下，纱布也随着捣蒜锤落下来，盖严了碗，蒜就不会蹦出来了。

自动抽水塞

在利用虹吸管的原理给鱼缸换水的时候，为了赶走管里的空气，不是先往换水管注满水，就是用嘴含住水管的一端吸。这样既不卫生，又不方便。下面介绍一种更好的办法。

材料和方法

找一只与换水管内径差不多大小的胶塞子。穿过胶塞中心系一根结实的线，线的另一端系一个小重物。把系上线的小重物放进换水管的一端穿出去。这样，胶塞子塞住换水管的一端。然后把带有胶塞子的一端放入水底。用手拉小重物，将胶塞子从换水管中拉出来，同时也就把管里的空气赶跑了，水也就顺着管子不断地流出来。

蟑螂捕捉盒

蟑螂是对人类的健康危害最严重的“四害”之首，它食性杂，侵害面广，全身都是细菌，随着它到处取食，并且边吃边排泄，传播了多种疾病。所以，发明能够铺装蟑螂的办法，是对妈妈最大的帮助，现在就动手吧。

材料和方法

1. 调制引诱剂：将40%的肉粉、50%的面粉、10%的豆饼粉混合，总量在20克左右，拌好待用。

2. 制作黏合剂：把20克松香与10克菜油混合，加热至胶状后，加入引诱剂混合搅拌均匀，即成了黏合剂。蟑螂能否被捉，关键在于黏合剂。黏合剂有两个作用：一是将蟑螂引入盒内，二是将其粘牢在捕捉面上。所以，这一步可不能马虎。

3. 取一张220毫米×150毫米的硬纸板，用虚线画上有舌片的盒型，具体的大小做到你认为合适即可。

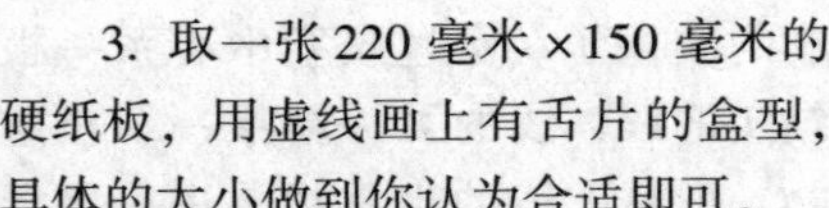

4. 取一张塑料膜，剪成与你打算作为盒底的那一面相同大小，然后涂上普通黏合剂（如“哥俩好”）铺在盒底上。这个盒底就是捕捉盒最重要的部分——捕捉面。

5. 把调好的黏合剂均匀地涂在已衬上塑料膜的捕捉面上，再按画好的虚线向内折成盒状，最后把舌片插在凹口内。

将捕捉盒置于蟑螂出没的地方，因为盒内较暗，兼有蟑螂喜欢的诱饵，所以蟑螂会爬进盒内争食诱饵，被粘其上。粘满后，既可将纸盒压扁弃之，又可揭去塑料膜，调换涂有诱饵的塑料膜，使盒子得以再次利用。由于松香与菜油混合物的不干性，引诱剂的黏性长达1个星期，所以不必天天看。

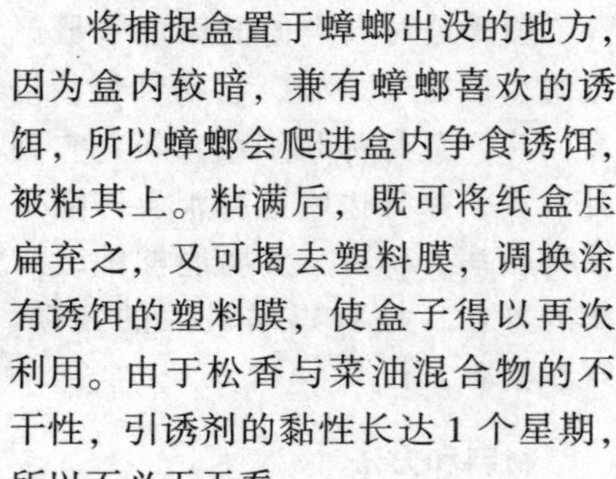

若将捕捉盒的尺寸扩大，并将黏合剂的成分稍作调整，加厚涂层便能制成纸制捕鼠器，你不妨动动脑筋制作一个。

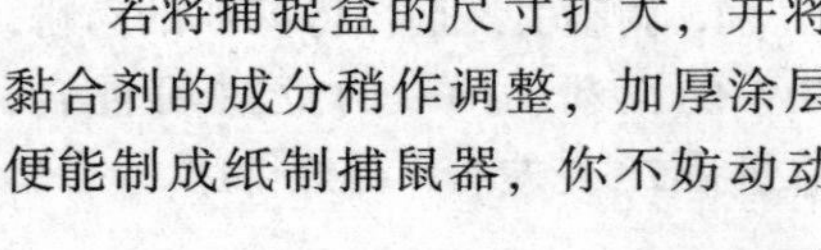

彩色蜡烛

蜡烛是过生日的必需品，蛋糕店里给的蜡烛常常不够用，不妨来动手自制一些蜡烛吧，而且还是彩色蜡烛呢！需要准备的材料有彩色蜡笔、蜡。

材料和方法

1. 找一个废弃的罐装饮料桶（如1.25升的可乐瓶子），整齐地剪去盖子的部分，把蜡削入桶中。

2. 把桶放入热水中，并搅拌里面的蜡，使之全部溶化，最好用开水。

3. 把溶化的液体倒入一个形状好看的容器（比如放小块儿巧克力的心形框）中。不要倒得太多，当然了，你要先在容器中放入作蜡烛芯的线。

4. 把彩色蜡笔放入热水中进行溶化备用。

5. 待原来的蜡冷却后，再依照上面的方法把溶化的彩色蜡笔液倒入容器中。这样把不同颜色的蜡一层层加上去，好看的蜡烛就做成了。

这样，你就有了很独特的生日蜡烛了。

实用晴雨器

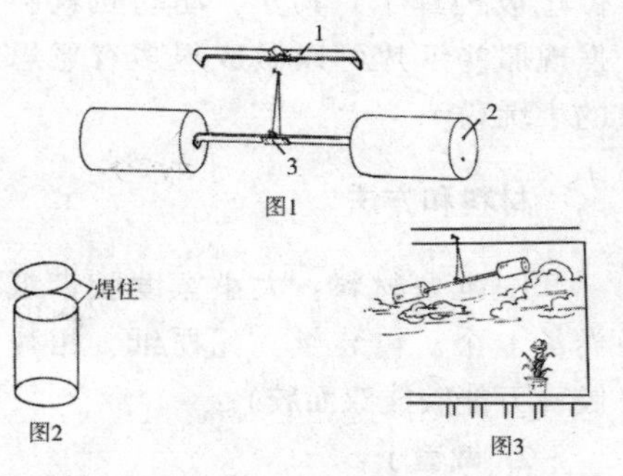

图1

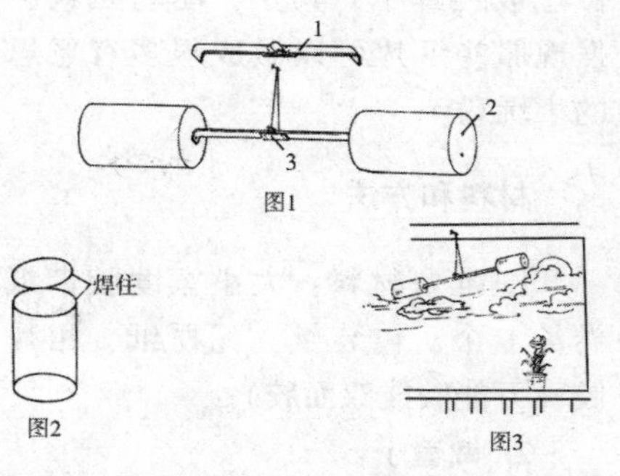

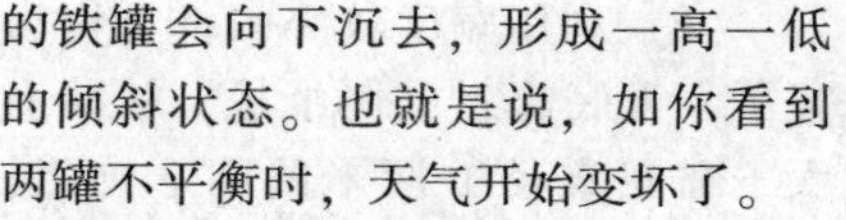

图2

图3

这里介绍的晴雨器制作十分简便，但效果却很明显，至少它可以告诉你，明天的气候变好还是变坏了。

材料和方法

1. 找两只一样大小的水果罐，剪去毛刺，修平管口，洗净烘干。利用其他废水果罐，剪开后展平，依照所找罐口的大小，剪下两张圆铁片，在干燥的天气，将圆铁片焊住罐口，不使漏气。

2. 如图1所示，剪一条长约200毫米、宽约6毫米的铁皮，将它的中间部分搁在铁钉上，用榔头轻轻敲出凹痕，再剪一段一样宽的短铁皮，焊牢在下面。

3. 将铁皮两端弯折成直角，弯曲部分约长6毫米。用烙铁将此铁皮的两个弯折端焊牢在两只铁罐底部的中央。用小钉在一只罐的表面击穿2孔。找一段长约400毫米的较牢的细线穿入凹孔内，打好结，挂在屋檐下。如两罐不平衡，可在较轻的一罐贴些胶布，使它们达到平衡（见图3）。

4. 在干燥的天气，即晴朗的天气，两罐仍保持平衡。如空气中湿度较大，即天气变坏时，打有小孔的铁罐会向下沉去，形成一高一低的倾斜状态。也就是说，如你看到两罐不平衡时，天气开始变坏了。

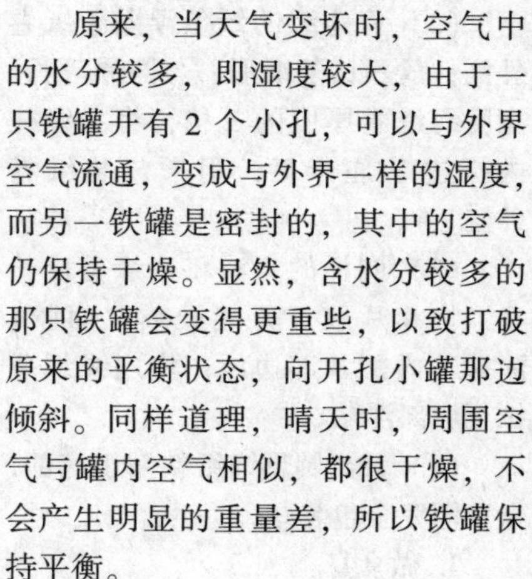

这是什么原因呢？

原来，当天气变坏时，空气中的水分较多，即湿度较大，由于一只铁罐开有2个小孔，可以与外界空气流通，变成与外界一样的湿度，而另一铁罐是密封的，其中的空气仍保持干燥。显然，含水分较多的那只铁罐会变得更重些，以致打破原来的平衡状态，向开孔小罐那边倾斜。同样道理，晴天时，周围空气与罐内空气相似，都很干燥，不会产生明显的重量差，所以铁罐保持平衡。

注意，实际使用时，这个晴雨器应挂在屋檐或其他高一些地方的钉子上。

卷纸筒礼品盒

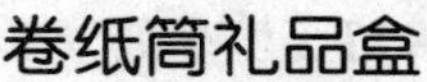

家里剩的各种废纸常常都被当

做垃圾扔掉了，其实，动动脑就会发现那些纸片可以做成很多有意思的小玩意。

材料和方法

1. 准备材料：大小宽度胶带纸卷各 1 个、包装纸、瓦楞纸、相片胶（万能胶或双面胶）。

2. 做盖子：

（1）利用宽度较小的纸卷作为盖子，于底部封上厚纸板，粘贴上大于圆底直径 1 厘米的圆形饰纸，并将边缘剪成条状。

（2）将边缘的纸条浮贴于纸卷外侧；裁一长条纸形，与圆周等长，宽度约纸卷厚度的 3 倍，将上缘往内折进 1 厘米后，用来包装纸卷外侧。

（3）同样的方法将边缘剪成长条，将相片胶（万能胶或双面胶）涂抹于内侧及部边缘；将边缘纸条拉至底部浮贴。

（4）裁出圆形饰纸粘贴于底部，盒盖即完全包装好。

3. 做盒身：

（1）利用宽的纸卷做盒身，先将一方封底，裁一长形纸张，与纸卷圆周等长，宽度需大小两侧各 2 厘米左右，包装纸卷外侧。

（2）将两侧多留 2 厘米纸，剪成长条状。

（3）一端长条状浮贴于底部。

（4）另一端长条状拉至内侧浮贴。

（5）裁一圆片饰纸粘贴于底部，盖住留白部分。

（6）长形瓦楞纸卷成圆筒置于盒内，高度须比盒身多 1.5 厘米左右。

把盒盖和盒身组装在一起就做好了，你可以用它来装礼品。

提示缺纸的抽纸筒

你有没有在卫生间遇到没有纸的情况呢？可能很多人都有过这种遭遇，那就动手做这个能提示缺纸的抽纸筒吧。

材料和方法

1. 在普通抽纸筒的两侧加 2 个方方正正的口，作为“示卡口”。

2. 接下来在示卡口的内部装一个由“卡”和“轴”组成的“卡轴”，“轴”是空心的，而“卡”的一侧标上“缺纸”这两个字，另一侧则装一个可以正好插在“轴”上的小棒棒，并且大小比“示卡口”的要大一点。

3. 在提示缺纸的抽纸筒的两侧的内部装一个“卡轴槽”作为“卡轴”活动的一个槽。

使用时，打开提示缺纸的抽纸筒的盖子，将“卡轴”取出，然后把

“卡轴”上的“卡”取下来，然后用轴穿过卫生纸卷的中间，再把“卡”按在“轴”上，把“卡轴”两端上的“卡”放在“卡轴槽”中。最后关上提示缺纸的抽纸筒的盖子，这样就可以正常使用了。随着卫生纸一圈一圈的用掉，“卡轴”也将逐渐降低，到了快用完了的时候，卡也将在“示卡口”亮相，从而提示缺纸。

瓶盖发夹

现在是追求个性的社会，虽然学生的穿着应以朴素为好，不过女同学们有几个头饰还是应该的。现在教你一个用瓶盖做发夹的方法，让你拥有一个世上独一无二的发夹，充分展现个性。

材料和方法

1. 找块好看的花格布头包住一个瓶盖，把布角塞进盖内；

2. 再用一个圆硬纸板涂上强力胶，抵住瓶盖。

3. 将三个这样的“布包盖”，并排粘在一枚铁制发夹上，就是瓶盖发夹。

4. 最后在瓶盖上绕几道丝带，飘扬无比。

这样，一个用汽水瓶盖制成发夹就完成了，你肯定找不出第二个，而且，这还是低碳生活的环保行为。

罐头小闹钟

这里教你利用罐头的金属质感，设计制成一个新潮、前卫的小闹钟。

材料和方法

1. 准备材料：高度较浅的铁罐，小闹钟机身及指直零件、喷漆。

2. 选自己喜爱的颜色喷漆，喷于表面。

3. 用电钻在铁罐中心钻一个圆孔。

4. 为了小闹钟可立于桌面，在底部夹出一小块平面。

5. 将机身置于罐内，穿过圆孔于外面。

6. 将时针、分针、秒针一一组合即完成。

好了，就这么几个简单的步骤，一个漂亮的小闹钟就做好了。

自制时钟

月饼盒通常都很精美又坚固耐用，吃完就丢其实很可惜，其实，把它做成时钟是个简单又实用的选择。

因为月饼盒盖的盖缘已有厚度，可利用盖缘将时钟挂起，不需另外加装吊挂处；也可以图钉或其他物品替代马赛克砖标示时间刻度。

材料和方法

1. 准备制作材料和工具：月饼盒盖1个、时钟指针及机芯组合1组、圆形马赛克砖4个、锥子、刀片、热溶胶。

2. 找出月饼盒盖的圆心，用锥子钻出一个洞。

3. 若月饼盒盖的厚度太厚，可以在背面利用刀片将厚纸板裁掉几层。

4. 利用圆形马赛克砖标示时间刻度。

5. 将机芯组装于月饼盒盖上、螺帽锁紧、调整时间。

穿针器

对于眼花的老年人来说，穿针引线是件困难的事，这里教你一个小发明，帮助老人们解决这个问题。

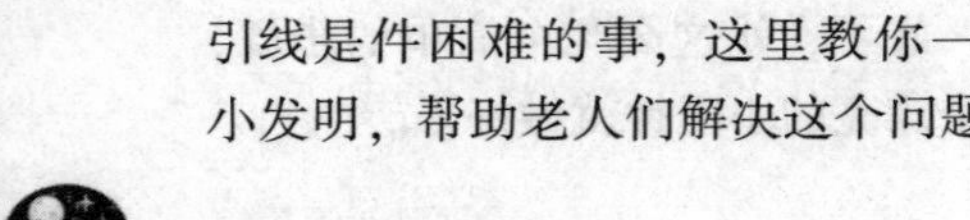

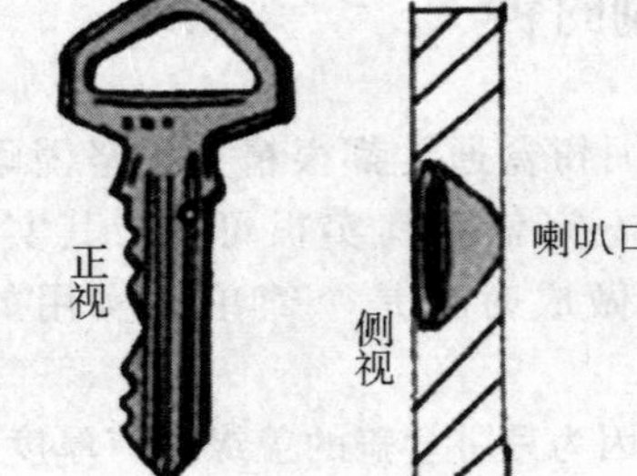

材料和方法

准备废旧钥匙1把，细、粗钢钻各1只。

用细钢钻在钥匙头上端“V”形槽内，垂直钻一个小孔，反面孔口用稍粗钻头加工成喇叭形（如图所示）。

使用时，把缝衣针放在钥匙槽内，将针孔对准钻孔，然后将线从反面“喇叭”口穿入，即可很容易地将线头穿进缝衣针孔里了。

手机座

现在，手机的普及率已经很高了，也许你还没有属于自己的手机，不过你可以学习这个手机座的小发明，做一个给父母做礼物，很不错哦！

材料和方法

找一个大一些的包装用的泡沫（看看你们家买家用电器的时候的包装盒里），用剪刀和刀把泡沫修改成你想要的形状（根据父母手机的形状来定），然后用刀在上面挖个1.5厘米左右深的坑（略小于手机的底部即可）。这个手机座就基本完成了。

你可以进一步加工，礼物嘛，应该要美观的，找一块不用的漂亮的布头，把手机座包起来，用针缝好。还可以把自己喜欢的Logo标志或者全家福的大头贴贴上去，这就

成了很温馨的礼物呢！

日光灯清洁器

打扫卫生时，最难对付的是日光灯的灯管，它装在高高的天花板上，只有架起梯子，或者叠起足够高的物体，爬上去才能够得着，但是擦洗还是很不方便的，而且有危险。这里教你制作一个不用爬高就能清洁日光灯的小工具。

材料和方法

1. 找一个大号饮料瓶，截取带着瓶口的一段，高度约为15厘米。

2. 在截口两边用剪刀各剪一个U形凹口，宽度稍稍比日光灯管直径大一些。

3. 在瓶内塞入海绵并粘牢。

4. 找一根直径与瓶口相同的棍子，插进瓶口，并用销钉钉牢。一把日光灯洁洁器就做好了。

使用时，只要举起清洁器，将U形凹口对准日光灯管，来回移动几次，灯管上的灰尘就擦干净了。清洗器的海绵脏了可以换新的，也可以用水清洗。

巧制花瓶

可以循环再用的空啤酒瓶、汽水瓶能够做出别具创意的点缀用花瓶，再放些小花，令安乐窝瞬间变得活泼热闹起来，摆放在哪个角落都很温馨。

材料和方法

1. 准备好3个大小不同空瓶子、花纸、疙瘩纸（又称鸡皮纸）、纸绳（多种颜色）等。

2. 若瓶身用纸多，可先用疙瘩纸包一层，再裹以花纸；否则，可用花纸直接卷裹瓶身，再以纸绳绑牢位置。

3. 将3个空瓶包好花纸后，再以纸绳把3个瓶子的底部捆紧，确保它们互相紧靠。

4. 插入准备好的鲜花即可。

油瓶的围巾

日常炒菜，每次倒油以后，总有些油顺着瓶颈往下流。油瓶放到哪里，就在哪里留下一圈油迹。油容易沾灰，所以油瓶表面沾满了灰尘，很不卫生。

现在，教你一个办法，再也不用因为这个而烦恼了。

材料和方法

拿一布条缠在橡皮筋上，做成一个圆环，套在瓶颈上，如图所示。

这样，油流到外面，马上被布条吸收了，不会再流下去。从此油

瓶外面，放油瓶的地方总是干干净净的。隔一段时间，要把布条换下来洗一下。

这种办法还可以用到酱油瓶或其他瓶子上。

防烫的小垫圈

家里新买的桌布，被刚做好的菜很容易就烫坏了。这里教你制作一个小圆环，把碗碟放在圈上，就不会烫坏了。

材料和方法

找一块比较硬实的纸板，剪成宽3 厘米的长条，弯成一个圆圈，用订书钉把两端钉在一起。最好比菜碗或碟子的底圈稍大一点。然后，在圆圈上开一些小孔。

当你把滚烫的菜碗放在小圈上，热空气从小孔里散出来，就不会不会烫坏桌子和桌布。

易拉罐保温杯

我们常用的保温杯一般是采用玻璃真空胆或紫砂陶杯胆，容易被碰坏。现在给你介绍一个给坏了的保温杯更换保温杯胆的方法，方便又实惠。

材料和方法

首先找一空易拉罐，剪掉整个盖顶，处理好毛边，然后取下原杯口上的塑料套边，罩在易拉罐杯口上，再在杯底垫上一块厚1.5 厘米左右的圆形泡沫塑料，以防止易拉罐长度不足而上下晃动，最后拧上杯口，杯胆即告换好。

这个易拉罐保温杯的好处是：杯内光亮洁净；挂茶垢后可随时更新；出门旅行携带轻便，不怕挤压。

薯片筒做花瓶

这里教你利用平时买衣服或者小礼品的包装袋、桶装的硬包装以及剪刀、双面胶和白纸，把吃完薯片的筒做成一个花瓶。

材料和方法

1. 用宽度略比薯片筒长一点的白纸，把薯片筒裹起来，盖住原来的颜色和图案，把上下超出的部分

沿薯片桶的边剪掉。

2. 把包装袋剪开成2片，其中一片用，另一片以后还可以做起他的小包装。当然，如果包装袋比较大就要注意保持包装袋外观图案的完整，另外一些有小图案的地方也可以保存起来，做一些小的盒子的包装。

3. 用包装纸包裹，注意包装纸上下要留出比薯片通长大约1.5厘米的地方，包装之前，先把宽双面胶贴在长出的包装纸边上

4. 用剪刀把包装纸的边沿部分竖着剪成小条，上部一条一条粘在薯片桶的内壁，底部一条一条粘在薯片桶的底面（这就是上面所提到把双面胶贴在宽出处的作用）

5. 用一片硬纸板，画出一个与底部面积相同大小的圆并剪下来，然后修改到刚好能放进底部大小，再用与一块小的包装袋把圆片包装起来。边部的处理与薯片桶底部和上部的处理一样。

6. 把圆板贴到薯片桶的底部，用双面胶固定。

这样就做好了，最后要做的就是用一个废弃的玻璃瓶（装蜂蜜等）或者塑料杯（纸杯也可以）放到薯片桶里面，装上水，插上买回来的花就可以了。

瞬时灯

使用电比使用其他任何一种能量都容易。电是清洁和无声的，但它在开关的啪嗒的一响时也工作。这里教你做一个瞬时灯，正是利用这一点。

材料和方法

1. 准备塑料瓶1个、铅笔、剪刀。

2. 剪断瓶子的顶部，使用尖头铅笔在这瓶子的侧面钻2个小孔。

3. 用铝箔把这瓶的顶部内侧覆盖住，并且用胶带粘牢。

4. 用改锥将两根短导线接在灯头上。

5. 把两个电池粘在一起。然后用胶带将第三根导线与下层电池的底部粘在一起。

6. 用胶带将与灯头相连的其中一根导线与上层电池的电极粘在一起。

7. 将与下层电池相连的导线的未接一端，穿过瓶子下部的孔。将这电池往下放入瓶子里。

8. 将与灯头相连扭线的未接一端穿过瓶子上部的孔。将两根导线头分别转绕在书钉上并将书钉推压进孔内。

9. 将灯头放置在电池的顶部。将铝箔覆盖的瓶子顶部套在灯泡上，而且将灯泡与铝箔相连处用胶带粘好。

10. 将一个曲别针弄弯曲。然

后，将曲别针一端压在下部的那个书钉下面。这就是你的开关。

11. 按压这个曲别针的另一端，使这一端接触到上面那个书钉。这个手电筒亮了！

马赛克巧利用

想必有些人在家里装修后常会剩下些漂亮的马赛克吧，如果丢掉实在浪费。下面就给读者提供一个变废为宝的创意，把这些剩余品制成装饰玻璃茶杯、瓷花缸或者烟缸、烛台等重要的饰件。

材料和方法

1. 准备材料：颜色鲜艳或带闪光的马赛克小块；画图、做标记时的尺子；彩色铅笔、记号笔；清洗马赛克时的水盆；小刀、毛巾；玻璃胶、903 胶。

2. 把马赛克放入水盆用温水浸泡，并用小刀把粘在马赛克表面的污渍去除，洗净后用毛巾擦干，放在通风处晾干。

3. 根据杯子等所要装饰物体的大小形状，画出实际的侧面展开图，并设计拼贴的图案，用彩色铅笔填涂颜色。

4. 用软尺测量杯子的外沿尺寸，将设计好的图案用记号笔标注在杯子上，如果拼贴的马赛克为透明或半透明，建议使用水溶性的记号笔，以便洗掉标记。

5. 将玻璃胶抹在马赛克背面，按照设计的图案贴在杯子上，压实。放在通风处晾干，几天后便可将马赛克固定。

6. 待粘马赛克的玻璃胶彻底晾干后，用 903 胶将马赛克之间的拼缝填补好，填缝时必须及时把溢出的胶擦干净，以免将马赛克表面弄污。

这样独特的马赛克杯子就诞生了。你也可以动手做其他的用品，如烟灰缸、花瓶的装饰。

首饰盒

首饰盒可以自己做，很简单，效果也不错。

材料和方法

1. 先找一个装靴子的大鞋盒，四周可用彩笔绘成彩色条纹状；

2. 再找些硬纸板，剪成大小均匀的纸条，每个纸条都隔 5 厘米剪一道口子；

3. 用胶水把硬纸条粘在盒底，然后把剩下的纸条对准口子插在上面，就形成了一个个小方格，每个方格里放一件首饰。

这样看上去一目了然，饰品之间也不会相互影响，取时方便又

快捷。

自动取筷机

如果能够设计制造一架自动取筷机，无论对集体食堂或家庭来讲都是很有意义的，它不仅使你能方便地贮存筷子、取用筷子，更重要的是有益于清洁卫生。特别是对公共食堂、饭店来说，可减少顾客抓大把筷子进行挑取，从而沾污竹筷的可能性。现在有的取筷机结构较复杂，这里介绍的是既简单又实用的取筷机。

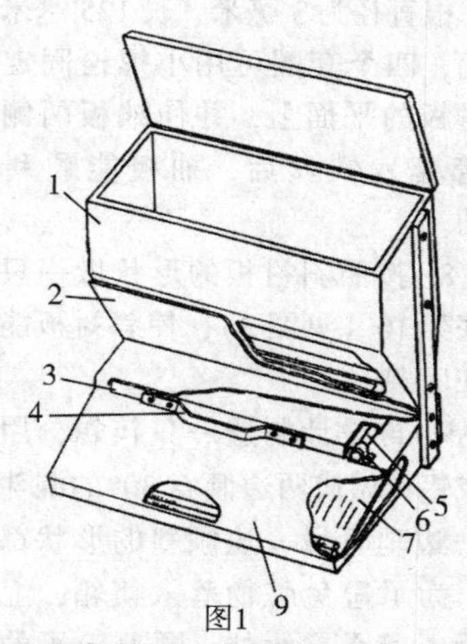

图1

如图1所示，1是贮筷箱，2是盏片，3是抽板，4是拉手，5是导杆，6是套圈（共4只），7是倾斜板，8是空槽，9是盖板。

自动取筷的工作原理如图2所示。按箭头方向拉出抽板时，固定在抽板下面的空槽8随着移动。如果贮筷箱内存放着竹筷，在筷子自身重量作用下，顺着贮筷箱内的斜面和缺口，两根竹筷会掉入空槽8内，并被压在斜衬板7的水平表面上。当抽板左移时，带着这两根筷子左移。与此同时，抽板的平面部分也挡住了其余竹筷的下落。被空槽夹着的两根竹筷移到斜衬板的倾斜口处，立即沿着斜面滚下并停留在斜衬板下面的弧形槽内，等待被取走。为了保持清洁，斜衬板表面装上盖板9，在它的中央靠下侧，挖有一个半月形孔，让人们从这个小口里拿走这双筷子。在抽板与底架之间由弹簧拉着，一松手，抽板自动复原位，箱内的竹筷又有两根落入空槽。第二次拉出抽板时，同样的，又有一双筷子滑下待取。

材料和方法

（以常用的平均长度266毫米，平均直径4毫米的圆竹筷为例）

1. 找一块厚约1.5毫米、长约340毫米、宽约190毫米的铝板。

2. 在离一端36毫米处，剪出2道深27毫米的切口，然后在离此切缝26毫米处再剪出对称的2道切口，按图中8的形状，剪掉两端，形成两对称的凸边，将两凸边绕上1根直径为3毫米的粗铁丝，卷成两圆管，并使直径3毫米的铁丝能在管

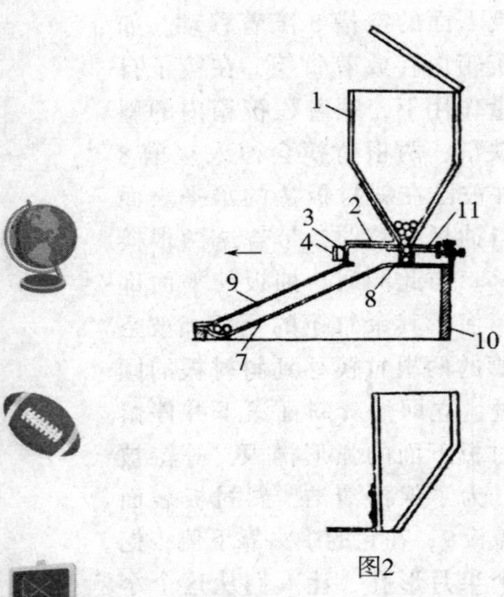

图2

中自由移动。

3. 将另一端折成直角边，折边的宽度约8毫米（约等于2根筷的直径和）。在抽板的中间边缘固定一个带孔的铝片，铝片宽18毫米、长25毫米，沿中线折成互相垂直的两折边。固定的方法是钻孔后用小铆钉铆合，在抽板的表面不应有明显的突起。这个垂直向上的铝片是用来挂住一根短拉簧的。

4. 在抽板平面离折边100毫米处开一狭缝，缝宽4毫米、长266毫米（比竹筷略长一些），在抽板反面，齐着缝口，用铆钉固定两垂直的铝片（图2中的11），固定后的槽深正好容纳2根重叠的竹筷。

5. 在抽板的折边前，做一拉手，以便向外拉出。

6. 再找一块长度为340毫米、宽265毫米、略薄一些的铝板，在离一边约130毫米处弯折，使两边相交成30°，在倾斜边的末端弯成槽形，但需留出一宽约8毫米的狭边，用来作固定在底架之用。

7. 做4只套圈，使它们正好夹住2根直径为3毫米、长125毫米的铁丝，四个套圈可用小螺栓固定在斜衬板的平面上，并使抽板两侧的圆管套入铁丝后，抽板能顺利地移动。

8. 按照斜衬板的形状做一只木制底架10（见图2），使斜衬板能钉牢在底架上。

9. 再设计制造一只筷箱，用木板或铝板做成两边倾斜30°的漏斗形或一边垂直另一边倾斜的形状都可以。为了避免脏物落入筷箱，上面可做一箱盖。此外，顺着箱子的前侧应钉一铝制盏片（见图1中的2）。铝片的长度与箱子长度一样，盏片在抽板上面的长度约100毫米，筷箱下面的狭缝约4毫米，正好让一根筷子顺着缝口下落。

10. 在底架两侧可用螺钉固定两根立柱，然后把筷箱安装在立柱上，在旋入螺钉前，应调节好筷箱与抽板间的位置，使两缝口对齐，不要压死。

11. 在底架10后面的木板中央固定一金属片（铝片、铁片均可），

金属片上开有直径 4 毫米的孔，固定一调节螺栓，使螺杆头部顶住铝片，从而保证上下缝口对齐。再在两金属片上套一较短的拉簧。

使用时先应对各部分进行消毒，特别是筷箱，应清洗干净，用开水烫过，或者用紫外线消毒。如用铝制，可经蒸煮消毒，将粗细均匀、长度相差不大的圆竹筷放入筷箱，由上述设计可知，必定有两根筷子掉入抽板的无底槽内，拉动抽板约 45 毫米长，竹筷即能沿斜面滚到取筷口的下面。另外，盖板 9 最好也用铝片做成。在位于斜衬板圆弧部分处，开一半圆形口子，以便取筷。

安全插座

人们在使用插座时尚不够安全，尤其是儿童和盲人。这里介绍的安全插座可以彻底解除这种危险。它是利用干簧管和磁铁的特性，把普通插座和普通插头合理巧妙地加以改造，使普通插座变成了安全插座。

材料和方法

1. 准备材料：一个普通插座，一个普通插头，一个强磁力小磁铁，两个常开型干簧管。

2. 做插座：先把普通插座拆开，把 220 伏两根进线分别与两个干簧管的一端焊接在一起；再把两个干簧管的另外一端与插座内的两块铜片（一个火线，另一个零线）焊接在一起，注意两个干黄管全部放在插座内不要露出插座并用绝缘胶固定牢固；最后把插座复原。

3. 做插头：把一个普通插头拆开，接着在两个插片之间嵌入一块小磁铁固定好，并处理好与两块铜片之间的绝缘；然后把插头复原。

使用时，先把改造好的安全插座接入电源；然后把内嵌小磁铁的用电器插头插入插座，插座内的干簧管自动吸合，插座内就有电了。不用的时候，拔下用电器插头，两干簧管自动断开，插座就没有电了。

伞骨改制晾衣架

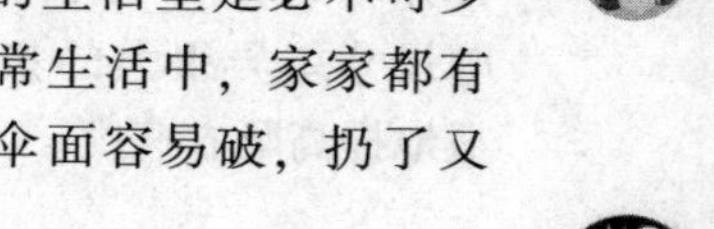

伞是我们的生活里是必不可少的用品。在日常生活中，家家都有用旧的雨伞。伞面容易破，扔了又

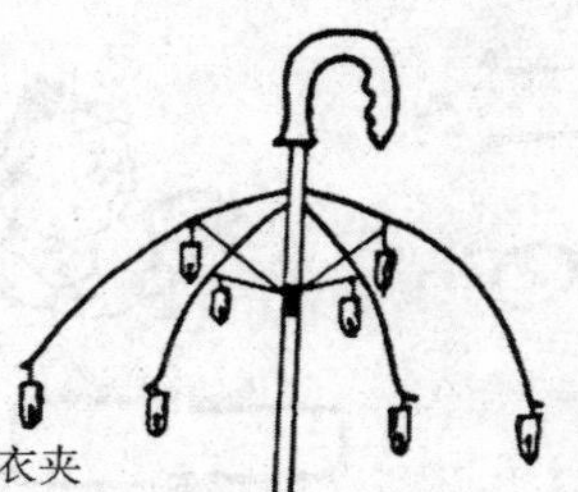

很可惜。如果拿旧伞骨来改制成晒衣架，可以充分利用，而且家里少了一个垃圾，多了一个好工具。

材料和方法

1. 找一把旧伞，把伞面拆下扔掉，将骨架擦洗干净。

2. 将手柄从伞柄上拔下来，改插在伞杆的顶部，顶部要敲扁一点，并涂上胶水，手柄插进去较紧并被胶住，使用时不会脱落。

3. 准备一些塑料衣夹，穿上尼龙绳，扎在伞骨架的各部位，一般可安排20～40只衣夹，撑开时即可晒衣，不用时可收拢而不占地方。

多功能晒衣架

晾衣服可是生活常事，可是面对有大有小的衣服和只有一种规格衣架，你有什么好办法吗？这里给你介绍一种可以伸缩的衣架，能够晾尺寸差异很大的衣服，并且能明显地提高晒衣速度。

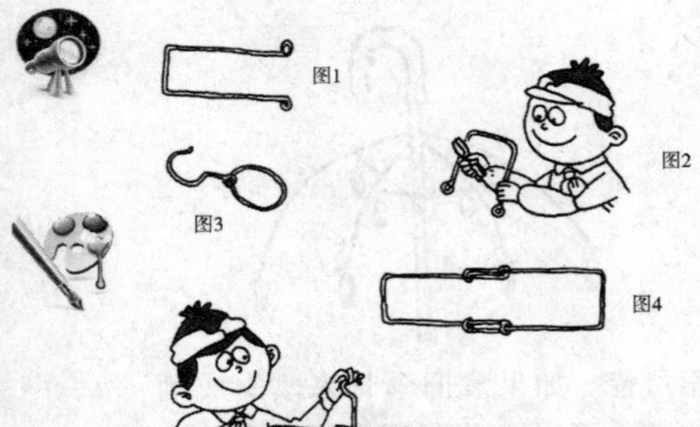

材料和方法

1. 准备制作材料和工具：直径3毫米的铁丝1500毫米长，老虎钳。

2. 将铁丝折成长约200毫米、宽50毫米框形肩架，并分别在铁丝的两端弯制一个直径10毫米的圆环（如图1所示）。

3. 按图1相同的形状加工制一个高约200毫米、宽40毫米的框形肩架。

4. 将长约200毫米的铁丝折成一个挂钩，其尾部为一个直径约30毫米的圆（如图2所示）。

5. 将两根长约200毫米的铁丝按图3折成一对拱形、两头为直径约10毫米的圆。

6. 组装：首先，将两个框形肩架套合为一个可伸缩的长方形（如图4所示）。然后，把拱形铁丝分别扣入四边形两侧的圈中。最后，把挂钩的大圈扣住拱形圈的两头，晒衣架就制成了（如图5所示）。

使用时，伸缩两端便可晒各种大小不同的衣服。因为将衣服前后两面分开，加快了水分蒸发，就可以提高晒衣速度。

自制香皂纸

所谓病从口入，其实是说手上的细菌进入了口中。在生活中手部

最容易感染细菌，因此我们要养成

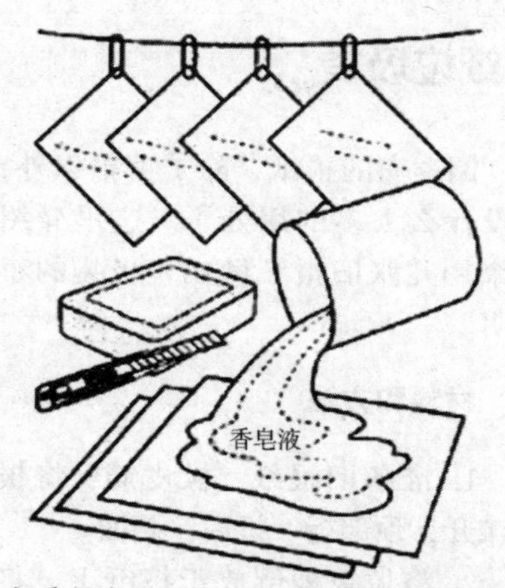

洗手的好习惯。下面让我们制作一个携带、使用都很方便的香皂纸。

材料和方法

1. 准备制作材料和工具：吸湿性较好的白纸，小块香皂，一支毛笔和一次性饮料罐。

2. 先把香皂切碎后放在罐里，加入适量的水后，然后放在炉上加热，等香皂溶化，将白纸裁成火柴盒大小，放入罐中，让香皂液充分浸透，再取出阴干就成了香皂纸。

当你要洗手时，用水淋湿手，然后用做好的香皂纸轻轻揉搓，即可产生泡沫去污垢，最后用水冲净就可以了。

巧用煤渣制盆景

在多数人眼里锅炉煤渣是废弃物，已经没有什么利用价值，可是它在艺术家可眼里却又焕发出了更美丽的光彩——成为观赏用的盆景。你也来动手试试看吧，做一个属于自己的独特的观赏盆景。

材料和方法

制作煤渣盆景，首先应挑选形状各异、洞穴明显、孔道通畅的锅炉煤渣数块，用水浸透，撒上一层水泥粉，顷刻间，煤渣就变成了褐色“石头”。然后将大小不等的“石料”坯子略加挖、凿、磨、削，排列组合，构图轮廓确定后，再用水泥黏合，置于背阴处保养 3 天左右，每日喷水 2 ~ 3 次，使之坚实牢固。

煤渣盆景吸水性较好，可贴盖青苔，还可在其恰当部位凿洞栽植兰花、半支莲、文竹等小植物。再点缀一些小巧玲珑的人物、亭、塔等，用以衬托山峰的巍峨之势。用盆可选稍深的凿石盆、釉陶盆，但色泽不宜过深。

庭院或居室一隅，陈设一盆自己亲手制作的煤渣盆景，足不出户，便能领略锦绣河山的壮丽风光。

泡沫盆景

上面你制作了煤渣盆景，有没有灵感还没用完呢？现在再来用废弃的泡沫塑料设计加工制作成饶有

情趣的仿山水盆景吧。看看哪种盆景更好看。

材料和方法

1. 取泡沫塑料一块、钙塑板一块、红色和棕色植绒纸各一小块、塑料盘一只，黄、绿、黑丙烯颜料少许，另外再准备一把美工刀。

2. 根据你的创意和构思，将泡沫塑料用手和小刀刻挖成大、中、小山体各一块，再将山体底部用美工刀削平。

3. 在山体上用丙烯颜料涂上颜色，趁颜料未干时再点上层层黑色，使其与山体颜色自然融合产生一种犹如绿色植被的感觉。

4. 用美工刀将钙塑板切成长条，顶部削成斜面如屋顶状。再将长条按需要切成长短不一的小块，制成5~6个房体，再用颜料画出门窗。

5. 剪一块比屋顶面积略大些的红色的植绒纸，对折后粘贴在屋顶上作房顶。

6. 用美工刀切一小块钙塑板，削成5~6艘船体，画出船舱，用大头针作成桅杆。

7. 将棕色植绒纸剪成陆地和岛屿。

8. 将制成的各部件根据构想在塑料盘内进行布置，待布局满意后再用白胶进行固定。

把你制作的盆景放到客厅里，让家里来的客人评价一下吧！

报纸垃圾袋

阅读完的报纸，除了剪报以外，就没什么太多的用处了。这里介绍一个用几张旧报纸做成垃圾袋的小发明。

材料和方法

1. 准备旧报纸、橡皮筋，将报纸摊开，顶部折一折后，翻面。

2. 将垃圾桶倒放于报纸上，将报纸沿着垃圾桶卷起来，并将一端开口塞向另一端，以增加稳定性。

3. 用一条橡皮筋将报纸尾端绑起来，再将报纸往内塞即可。

只要别丢入太多汁液，或是尖锐的物品，这种环保垃圾袋用来丢纸屑、果皮、化妆棉等，都很不错。报纸还具有可吸水的优点，可以保持垃圾桶干燥。这样就不需再多浪费一个塑胶袋，多出的塑胶袋通通资源回收，这是废物利用的好方法。这种报纸垃圾袋可以用于书房、卧室这种地方。

碎肥皂再生器

家里常有使到最后的小块碎肥皂，用起来不顺手，容易掉进水斗里，堵塞出水口，扔掉又觉得可惜，

这里教你一个小发明把碎肥皂收集起来重新变成整块的肥皂，方便使用。

材料和方法

1. 先找一块木头，上面用笔画好挖洞位置，然后在钻床上钻孔。

2. 用小凿刀把相邻的小孔打穿，一个大方洞出现，用木锉刀锉平，用铝皮做衬里，做成了“下模”。

3. 用木条贴在一块方木上做成“上模”。

这个碎肥皂再生器利用略湿的肥皂加压可以相互黏合成型的特点，使碎肥皂再生利用。使用时，只要把碎肥皂放进去一压，就立刻变成大块的长方体肥皂。

塑料黏合器

为了修补用坏的塑料物品，可做一个简单的塑料黏合器。

材料和方法

1. 拿一个铜币（或小圆铁片），在圆心钻一小孔。

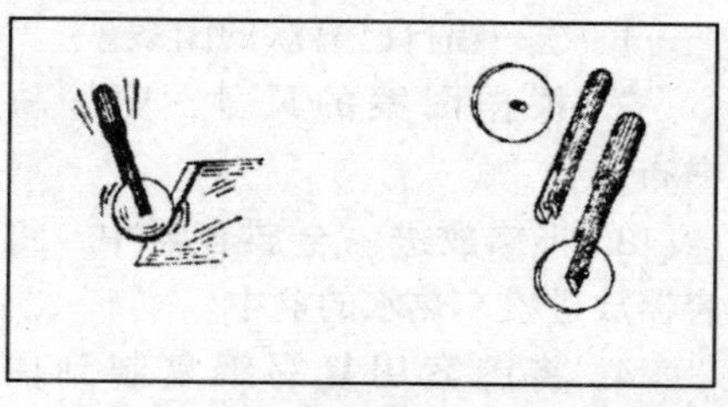

2. 找一段金属管（长度自定），一端按铜币半径为深度开一条槽，槽端钻一对小孔。

3. 把铜币放进槽内，圆心孔对准小孔，用铁丝作轴，穿过小孔，把铜币固定在金属的另一端，套一段塑料管或竹管，作为手柄。

使用时，先把要修补的塑料薄膜放在桌上，上面垫一张玻璃纸，把黏合器加热到100℃左右，用适当的压力从玻璃纸上滚过。温度高，滚动速度要快，压力可以小一些；温度低，滚动速度要慢，压力大一点。

蜡染制作

现在，人们自己需要的东西基本上都是买来的，可是不管商家如何琢磨消费者心里，我们还是不容易买到最想要的那个东西，比如需要一块有自己喜欢图案的布，就不

一定能找到。这里教你一个在家里染布的蜡染工艺。

材料和方法

1. 选一幅自己喜欢的图案。

2. 根据图案的尺寸，剪一块白布。

3. 将蜡放进一金属容器中，将容器放进盛有热水的盆中。

4. 将图案用复写纸复制到白布上。

5. 用竹签子蘸溶化的蜡液，涂在图案的线条上。

6. 把用蜡绘制好图案的布放到染色盆中染色。

7. 最后将布放到热水中煮，布上的蜡就脱掉了，这些蜡遮住的线条因没有染上颜色，而成了白色。

一块由自己制作的蜡染布就这样做成了！

自制温度计

这里教你做一个温度计，它是利用水的体积热胀冷缩来进行测温的。

材料和方法

1. 准备一只有软木塞的瓶子，一根饮料吸管（最好是透明的），一些橡皮泥。

2. 先在软木塞上面打一个孔，把吸管插入孔内，再将瓶子装满水。最好是在水中加一点颜色，用广告色、食用色素和墨水都行。

3. 把软木塞和吸管放入瓶中，然后用橡皮泥封住瓶口和软木塞上面的小孔。

4. 把瓶子放到温暖地方，吸管中的有色水的水平面会升高。

5. 将瓶子放到冷地方，水平面将下降。

6. 前几步只是让你做了一个简单温度计，为了使你自制的温度计更准确、精致，贴一片硬纸片在吸管上。借一支真正的温度计放在屋子里，同自制的温度计一道测试几个不同房间的室温。参照那支真正的温度计你能够获知当时的实际温度，再将温度的刻度和数字写在吸管同水平位置的硬纸片上面。在好些不同的温度下如此工作多次以后，你可以在硬纸片上建立起刻度。

这样，一支真正的温度计就从你手里诞生了，你可以用它找出你家里的最冷和最热的地方，也可以用自制的温度计每天记录温度，看一看天气是怎样在变化。

干　花

想不想把美丽的花常留呢？这里介绍一个制作“干花”的方法，以干的身躯换取花儿不死的灵魂。

材料和方法

首先是选花材。适合做干花的花材大多具有含水分少的特性，比如玫瑰、勿忘我、鸡冠花等。除此之外，松果、芦花、高粱穗和猫柳等也是上好的“野趣”花材。

选择好花材后便要选花朵了，基本上越是新鲜的花苞和半开花，制成干花后形态越好。开得很大的花朵会在垂挂风干时互相挤压，形状怕不好了。将要凋谢的花，花瓣容易脱落也不便做干花。做好这些前期的工作，就可以开始了。

1. 玫瑰干燥花制作法

(1) 挑选新鲜的玫瑰花，将多余的枝叶稍作整理；以橡皮筋将花束捆绑好，以免在干燥过程中脱落。

(2) 绑好花束后，选择较通风的地点将花束倒挂风干。

(3) 自然风干 2 星期后，即可制成干燥花。

2. 盆栽干花制作法

(1) 准备干燥玫瑰花数支（亦可使用其他干燥花）、小花盆一只、海绵一块、剪刀、刀片、缎带一条。

(2) 将海绵裁剪成刚好可置入花盆中的大小，然后装进花盆中。再修剪干燥花，将干燥花插进盆里的海绵中。

3. 壁饰干花束制作法

(1) 准备干燥的玫瑰、风动草、小麦、勿忘我各数支，大枫叶 2 片，缎带 1 条，橡皮筋 2 条，剪刀。

(2) 将各种不同颜色的干燥花，组合成自己喜欢的样式，再以橡皮筋固定。

(3) 花束组合好后以缎带固定，就是一个美丽大方的壁饰了。

干花放在屋子里久了，难免落上此灰尘，这时只需用吹风机就可以把灰尘吹干净。千万别让干花滴上水，沾水或受潮的干花就“活”不长了。

开罐器

随着食品工业现代化的发展，罐头食品越来越多了，如果用小刀挖开罐盖，既不方便，又不卫生。可按下面介绍的方法，用废铁片，发明一只开罐器，无论在家里或外出旅行，都会给你带来很大的方便。

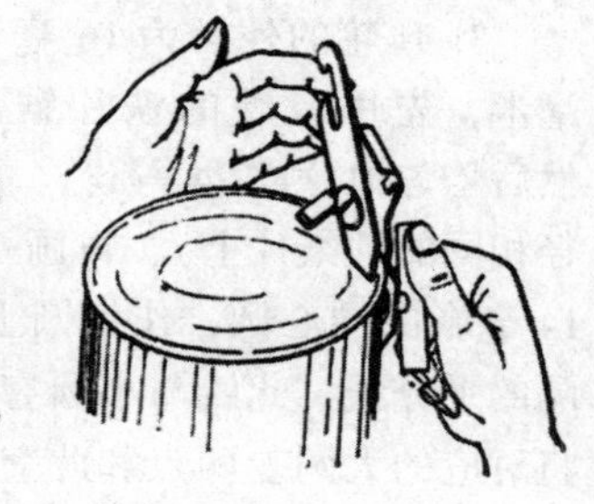

图1　　图2

开罐器的主要组成部分如图 1 所示：1 为压刀，可绕用螺钉做成的轴 2 转动；3 为压轮，可绕轴 4 转动；5 为手柄，固定在轴 4 的另一端；6 为

支架，又为压刀转轴；7 为手柄（翼状夹片）。它的制作并不难。

材料和方法

1. 将一块 2 毫米厚的铁片锯成长 60 毫米、宽 24 毫米的长方形。在离长边约 10 毫米处，离短边 44 毫米处钻一孔（直径是 4.2 毫米）；在它的左侧锯出一条宽 5 毫米、长 34 毫米的狭缝，将此狭条向下弯折成图 3 所示角度，锯去多余部分，留下约 16 毫米长的弯曲狭条。在右侧上部，离较长边 5 毫米处锯出一条长约 7 毫米的狭缝，同样将此狭条弯下成直角。

2. 按图中的参考尺寸，将此铁片的下端磨成斜边，使中间留下长 12 毫米的宽度，然后弯成约 4 毫米深的翻边。在距 φ4.2 孔圆心 18 毫米处，另钻一直径为 4.2 毫米的通孔。这样就做成了我们所要的支架。

3. 压轮的外径为 16 毫米，厚 2 毫米，先用较硬的铁片锯成圆块，然后均匀地分成 24 等份（可画在直径相同的圆纸片上），再画一直径为 14 毫米的同心圆，作大圆上每一间隔的平分线，此线与小圆有一交点，将对应的大圆上两点和此交点连结，可得一齿轮。

4. 把圆纸贴在圆铁片上，锉成齿轮状。在它的中心钻一直径为 4 毫米的孔，并用细锉锉出一长方形孔，宽仍为 4 毫米，长为 6 毫米。找

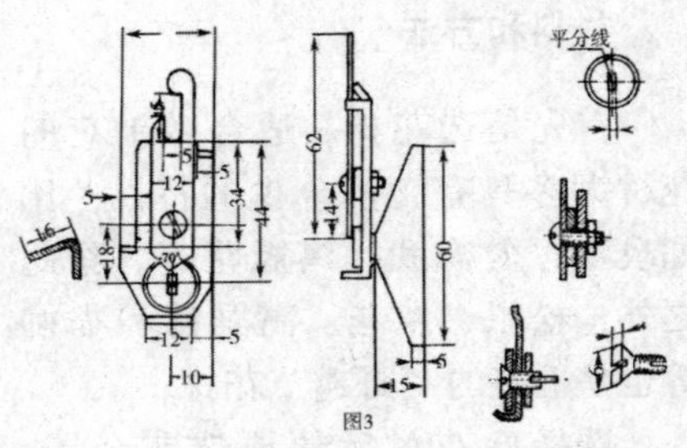

图3

一长 10 毫米、外径为 4 毫米的平头螺钉，将钉头两侧锉平（宽 4 毫米，长 7 毫米），嵌入齿轮的方孔中，穿过支架上的孔，套上垫圈。该螺钉头部锯出深约 4 毫米、宽约 2 毫米的狭缝，锯一翼状狭片（尺寸见图 3），厚 2 毫米，卡入缝内并焊住（在平头螺钉插入压轮方孔后，也可焊住），于是做成了能随手柄转动而旋转的压轮。

5. 按图中尺寸锯并锉成一压刀，不必磨出刃口，压刀的厚度在 1 ~ 1.5 毫米间，以硬质铁片为好。刀刃的交角为 70°。上端槽口用于开汽水或啤酒瓶盖的，形状可以由你来设计。

6. 将外径为 4 毫米的螺钉插入压刀孔，并穿过 2 毫米厚的垫圈，再穿过支架上的孔，旋上螺母（别旋得太紧，应使压刀能自由转动），将这螺钉头部放于铁块上，用榔头轻轻敲击螺杆末端，略微墩粗，使螺母不会松脱。

为了使压刀得到支撑，可将支

架上端略微弯曲一些，让压刀正好靠住支架。这样就完成了开罐器的制作，找个牛肉罐头来试试吧！

使用时，如图 2 所示，将压刀卡在待开罐头盖的边缘内侧，使压轮的轮齿正好咬住边缘的下侧。一手转动手柄，迫使压轮作顺时针转动，另一手的手指拉住压刀上端，使刀尖紧紧顶住罐盖。由于手柄较长，它所产生的转矩足以拖动压刀，并迫使刀尖压穿罐盖，绕着边缘，整齐地将铁盖割下来。

国旗升降器

这个国旗升降器的发明者在学校每天升降国旗过程中发现有以下三个问题：

1. 升降国旗的时候，旗绳跳槽的现象时有发生；

2. 每次升降国旗时下旗时间太长，特别是冬天，很不方便；

3. 升旗完毕后，有时因绑不住旗绳而造成国旗下降的事故。

上述三点不能保证顺利升降国旗和国旗的尊严。

他针对上面的三个问题进行了认真的研究，并发明出了如下一个小小的解决办法。

材料和方法

1. 不跳槽的滑轮：如图 1 所示，用厚约 3 毫米的铁板做成一个比滑轮略大一点的滑轮盒，盒的两侧各有一个直径约 0.7 厘米的孔。孔的位置在旗绳绕过滑轮自然下垂处。盒的上方有一约 5 厘米长并带有两个小孔的柄留作固定滑轮盒用。这样在升降国旗时，旗绳只能通过小孔沿滑轮滑动，无法跳出槽外。

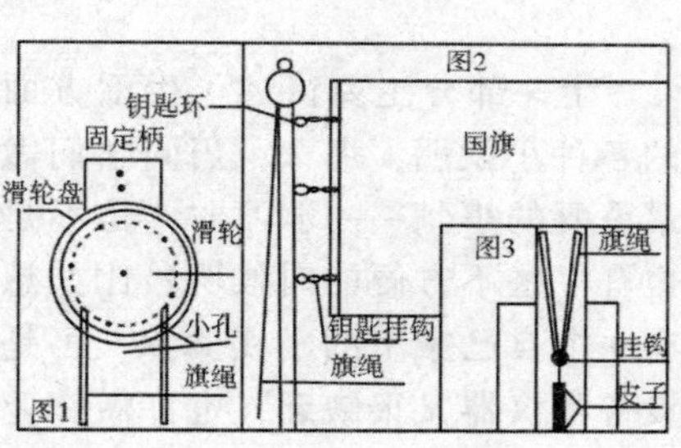

2. 国旗上、下环、钩：如图 2，用三个钥匙环固定在旗绳适当的位置，再对应用三个钥匙挂钩固定在旗上，钩与环要对应。上、下旗时只要将挂钩挂上或摘下即可，非常方便。

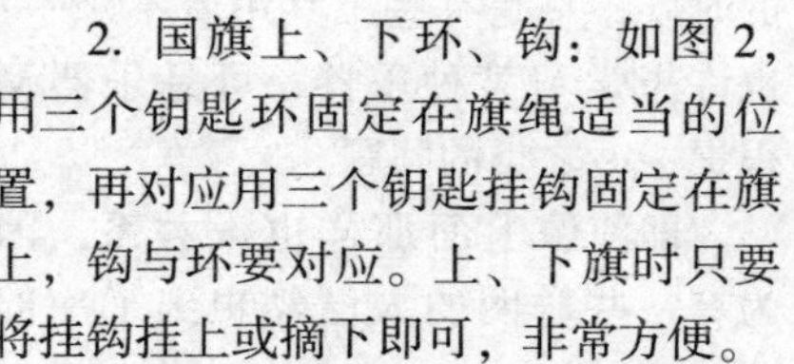

3. 绑得住的旗绳：在废车内胎上剪下宽约 2 厘米、长约 30 厘米的皮子。一端固定在约离地面 1 米的旗杆上，另一端拴一挂钩，旗升好后，将挂钩挂在旗绳上即可，如图 3。

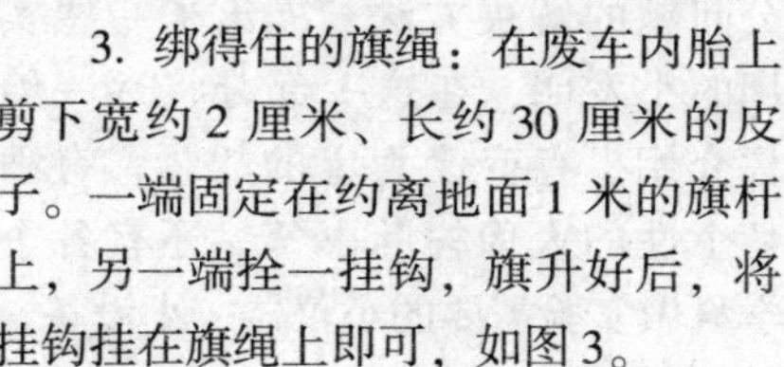

经过实践，不仅解决了上述三个问题，还节省了很多升旗、降旗以及往旗绳上上、下旗的时间，特别是在寒冷的冬天，同学们再也不冻手了。

学习工具小发明

XUEXI GONGJU XIAO FAMING

上一部分主要讲述了生活方面的各种小发明，那么，当同学们做最重要的事情——学习时，是不是也有一些不方便的时候呢？比如想有一个自己家里的小实验室，可是设备和仪器又很缺乏；也许做作业的时候，总是有些工具用着不顺手；也许想学习某种乐器，可是乐器又很贵……之类的问题。

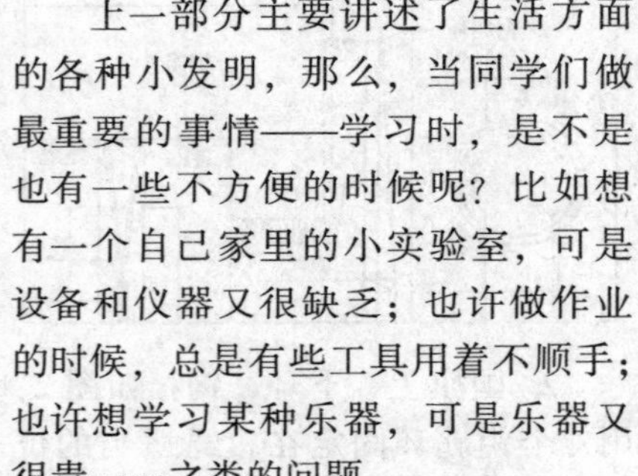

即使像上面那样也没关系，因为有一些聪明的人已经想到了一部分问题的解决方法，提出了一些实用的小发明，在这一部分将逐一给你介绍。有变废为宝的胡琴，有独特个性的人像树叶书签，还有各个学科做实验需要的小仪器、小设备。

I

抗干扰朗读器

这个“抗干扰朗读器”小发明曾获得全国小发明一等奖，它是利用听诊器的原理制成的。

“听诊器”是医生用来听病人心脏跳动的医疗器械，可以不受外界较大声音的干扰。根据逆向思考法，“听诊器”能否用来听取自己的声音呢？从而制成了“排扰朗读器”。

这个抗干扰朗读器是模仿听诊器的样子，用塑料漏斗、软塑料管和两个药瓶塞做成的。嘴向着塑料漏斗朗读，声音就通过连在漏斗口上的两根塑料管，传到两只耳朵里。它适合在朗读课上使用，也可以在外界声音干扰太大时使用。

巧画角平分线

在透明三角板上的空白处画一个直径1厘米左右的圆，用烧热的铁丝在圆心处穿一个孔，孔的大小要能插进铅笔尖。

使用时，将三角板上的圆与角的两边相切，在圆心处点上一点。角的顶点和这个点的连线，就是角

平分线。

能防雾的眼镜

现在戴眼镜的人越来越多，戴眼镜的人遇到骤热的环境常常会出现眼镜片蒙“雾”的现象，很令人烦恼。

其实，这雾是水汽凝结在冷的镜片上形成的细小水珠膜。有位同学设想发明一种防雾眼镜，眼镜的镜架用极细的热管制作，热管内填充了易蒸发的液体，这些液体能通过蒸发放热，所以热管具有很强的导热性，能使两头的温差小得测不出来。

由于镜片膨胀系数很小，传热性能较好。这样一来，皮肤热了，热管立刻把热传递到镜片每个地方，使它的温度与皮肤相等。因为水蒸气只会凝结在温度较低的物体表面，所以，温度较高的镜片上就不会蒙上“雾”。

便捷报夹

图书馆阅览室为方便阅读和整理、收集报纸，一般都用报夹把一期一期报纸夹在一起，积满1个月后再取下来装订，不是很方便。这里介绍一个便捷报夹，可以在每次夹满报纸后，不用取下装订，而是直接用装订线穿过装订孔，把报纸装订好。

它的结构是在普通报夹上钻3个定位孔，在每一根的定位孔内分别装上带孔的尖头定位桩。使用时，每次把报纸放在定位桩上，合上另一根报夹，报纸就固定在报夹上了，报纸积满后直接在孔中穿线装订。

这种报夹最适合在图书馆使用了。

书桌阅读板

读书的时候，往往需要两手扶着书本，尤其是厚书本，手一离开就会合拢，这对做笔记很不方便。日本宫城县的一位中学生本木聪利用废旧材料，制作了一块书桌阅读板，可以让你在读书时把双手解放出来。阅读板由两块薄板组成，薄板中间的上下都开有一条槽，对准后分别用金属片限位，就可以左右滑动，适应不同大小的书本。阅读板的左右两端都装有一个铁皮书夹，夹住书本的两边。这样，你可以一边读书，一边吃零食、喝饮料，不用担心书页自动合拢了。

要是在水平桌面上读书，最好在阅读板背后的上方装一根木条，使书本倾斜，阅读更舒服。

新型书签

读者在合上书本之前常常将书签（通常是矩形的纸片或者布料）夹于最后阅读页面中，这有助于他下次阅读时快速找到正确的页面继续阅读。然而这种简单书签只能帮助记忆页面，读者不得不重新阅读一整页来寻找之前是阅读到哪一段落。

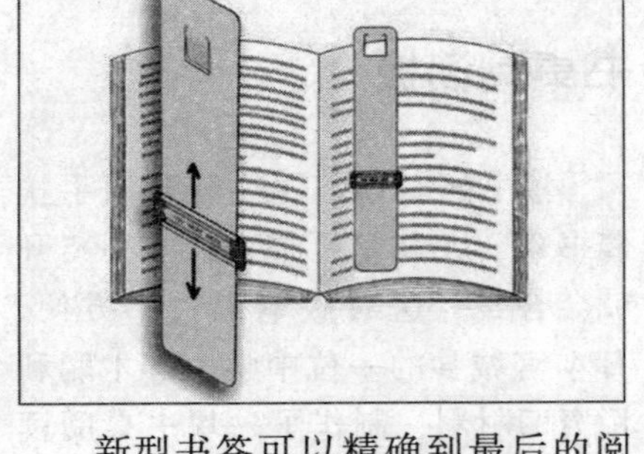

新型书签可以精确到最后的阅读段落。这种书签是由长条矩形塑料制成，在书签顶部有一U型切口形成的夹板，用以将书签固定在书页上，如图所示。此外这种书签还有一片塑料指示条，指示条上下部有两条水平切缝，书签主体以编织的方式穿过。通过这样的组合，指示条可以在书签主体上上下移动。而指示条上的两条水平切缝的两端向内弯曲，有助于增加摩擦力将指示条固定在指定的位置。当阅读到一定阶段，将这种书签别在书页顶端，然后把指示条滑到最后阅读行，合上书本。下次再重新打开书本时，就能找到精确的段落继续阅读了。

黑板上的线尺

每次出黑板报时，最头痛的事要算画线打格子。有位聪明的同学发明出一种简便画线法。

在黑板四个角的墙上钉四枚小钉子，拿细铁丝（或粗一点的线）绕铁钉围成长方形，用几根白线把铁丝上下、左右连接起来。横着抄写的时候，把左右两边铁丝上的连线上下移动；竖着抄写的时候，把上下两边铁丝上的连线左右移动。如果在黑板四周边沿（或铁丝上），对称地淡淡地标上长度（不要影响美观），就更好了。

抄好黑板报以后，把线分别向上（或向下），向左（或向右）移到尽头，以备下次再用。

Ⅱ

椭圆规

通常画椭圆，都是先在椭圆的

两个焦点上各钉一根钉子，把一根线的两端缠在钉子上，然后用笔画，这样很麻烦。有人发明了一个椭圆规，使用起来较方便。

材料和方法

找两根废的圆珠笔芯，把笔尖的小圆珠捅掉，在笔芯的下端钻一小孔。

取一些薄铁皮，仿照常见圆规做成椭圆规的“脚”和“头”。脚卷成圆筒形，里面嵌圆珠笔芯。用螺钉把它们固定好。

用长约 50 厘米的光滑、结实的细线，分别从圆珠笔芯笔头的细眼里穿进去，再从笔下端的小孔中引出。找两个小夹子，分别夹在椭圆规脚上。把线头绕在夹子上。

画椭圆的时候，先在纸上定出焦点 F_1、F_2，把椭圆规的两只脚压在两焦点上，根据椭圆的大小，调整细线的长度，用笔绷紧细线，就能画出椭圆。

用圆珠笔画椭圆的话，为了防止线从笔端滑出，可以剪下一小段圆珠笔芯塑料管，套在笔尖上。

不洒墨水的墨水瓶

小学生学写毛笔字时，将墨水瓶带到学校，常会把墨水瓶碰翻而弄脏书本、衣物。这里给你介绍一个不洒墨水的墨水瓶，这是曾经获的全国青少年科学创造发明比赛一等奖的小发明。

材料和方法

用一段口径与瓶口相同、长度约为半个瓶深的塑料管，放入瓶口，管子上端与瓶口平齐，然后用胶水（有条件的可以用环氧树脂）粘牢，

放正

侧放

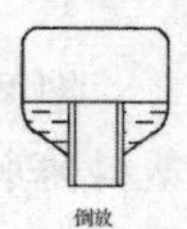

侧放

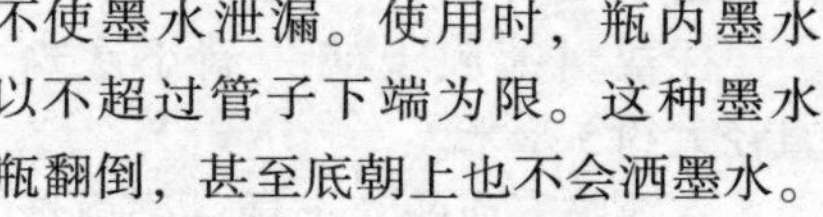

不使墨水泄漏。使用时，瓶内墨水以不超过管子下端为限。这种墨水瓶翻倒，甚至底朝上也不会洒墨水。

简易显微镜

这是一个用废牙膏壳制成的简易显微镜。

材料和方法

找一支空牙膏壳，剪下颈部以上的那一部分，洗干净。剪一小片透明胶纸贴在牙膏壳管口上，它就是载物台。

找一只锥子在牙膏壳盖顶正中钻一个小孔。将一只废小电珠轻轻敲碎，取出头部的聚光玻璃球，把它嵌到小孔里，就成了目镜。把需要观察的标本（例如蜘蛛脚）放在

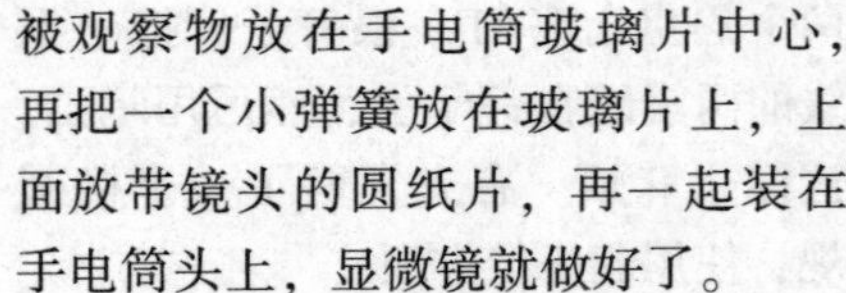

载物台上，盖上牙膏壳，旋动盖子(就是调整焦距)，直到可以清楚地看见物像为止。

简单显微镜

这个显微镜非常简单，用两个火柴盒和塑料薄膜就能制好。

材料和方法

把两个火柴盒平放在桌子上，塑料薄膜放在火柴盒上，使薄膜距离桌面15毫米。

往塑料薄膜上滴一滴小水珠，直径大约5毫米。

在薄膜下面的桌上铺一张白纸，在纸上画一个极小的箭头，作为观察的标准。透过这个水滴，应该看到一个和原来方向相反放大了的箭头。这时，距离最适当。

在白纸上放着要观察的东西，再用放大镜观察水滴，刚开始，你可能什么也看不清，慢慢改变放大镜的高度，就能看到观察物。

手电筒显微镜

材料和方法

用硬纸板或卡片剪一个与手电筒玻璃一样大小的圆片，中心镶一个聚光电珠中的玻璃球作镜头。把被观察物放在手电筒玻璃片中心，再把一个小弹簧放在玻璃片上，上面放带镜头的圆纸片，再一起装在手电筒头上，显微镜就做好了。

拧动手电筒头的螺丝圈，就可以调整镜头与物体的距离。手电筒灯光可以作照明用。

火柴盒显微镜

对生物知识的学习是要勤动脑、勤动手的，现在教你做一台倍数较高的单镜头简易火柴盒显微镜。它携带，使用都很方便。

材料和方法

1. 准备材料：火柴盒外壳一个，小玻璃珠一个，也可以拿聚光电珠前端的小玻璃珠顶替，火柴内盒两个，一小片玻璃，玻璃镜一小块儿，还有胶布、胶水。

2. 做光源口：把一个火柴内盒挖空，将一端的横栏剪断，在另一端中间扎一个大小正好放玻璃珠的小孔，把玻璃珠放进去后，在上面覆盖一张中心开有同玻璃珠直径大小相等小孔的白纸。

3. 做载物台：把另一个火柴内盒正对镜头开一个1厘米左右的小长孔，孔上粘一块玻璃片，用胶布粘牢。

4. 做镜头架：在商标的一侧剪

一个方孔作为入射口。

5. 装反光镜：把镜子的背面粘上胶布，胶布向后折90°，粘在火柴盒内盒的下端，使镜子成倾斜状。

这样，单镜头简易火柴盒显微镜就完成了。使用时，把被观察的物体放在载物台上的玻璃上，然后插入镜头架，使小窗口朝着光源。调节高低，就可以看清放大后的物体了。试一试，很好用吧？

黑板挂图器

上课的时候，有的老师挂图十分困难，也非常费劲。可以在黑板上做一个简单的挂图器解决这个问题。

材料和方法

找两个线轴，一个固定在黑板的右上角，一个固定在黑板上方。在黑板的右侧，一高一低分别钉上两个钉子（位置自定），下边一个钉子为第一挂点，上边一个钉子为第二挂点。

取2米左右长的细绳（或结实的线）一根，一端拴一个小铁钩，一端拴一条长约18厘米、宽约5厘米、厚约0.5厘米的木条，线要拴在木条的中间。木条的两边等距离地各固定一把夹子。

用的时候，把细绳绕过两个线轴。铁钩先挂在第二挂点，使带有夹子的木条降下来，把要挂的图夹好。然后，把铁钩挂在第一挂点。同学们就能清楚地看到黑板上挂起的图了。

铅笔屑盒

削铅笔的时候，铅笔屑随地一丢，很不卫生。有人发明了一种铅笔屑盒。

材料和方法

找一只空火柴盒。锯一块半个火柴盒大的小木块，一面削成斜面并磨光，贴上与斜面同样大小的砂纸，放在火柴盒的一边，粘牢。

削铅笔的时候，先把火柴盒空的那头推出壳外，将铅笔屑削在里面；然后，推出有木块的那头，把铅笔芯磨尖。

你还可以在盒的外面糊层牛皮纸，正反两面贴上纪念邮票，它就既牢固耐用，又很美观别致了。

带灯伞

这个带灯伞小发明，特别适合广大农村中群众使用。因为农村的路面上，夜晚大都没有路灯，携带此灯十分方便。夜晚下雨行路时，打开此伞，既可以遮雨，又可照明地面，只要一只手操作就行，避免

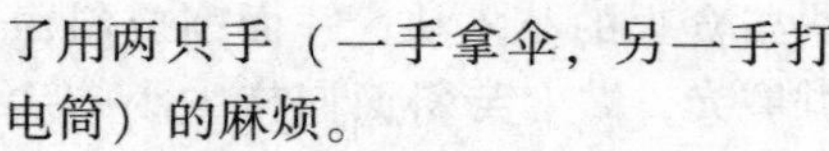

了用两只手（一手拿伞，另一手打电筒）的麻烦。

材料和方法

把一个塑料布伞的柄下端接上一个小电灯筒，保留电筒上的开关，用1对三号小电池供电。不用时，把电灯筒取下即可。

带刷子的橡皮擦

写错了字，要用橡皮擦。擦完后，纸上总会留下不少碎屑。不管是用手拍还是用嘴吹，都不卫生而又麻烦。发明一块干净橡皮擦就不会这样麻烦了。

材料和方法

1. 准备材料：剪刀、胶水、废毛笔。

2. 把废毛笔的笔头拆下来，洗净晾干。

3. 把毛笔头的尖端剪去，使它变成一把小刷子。

4. 在橡皮的一头挖一个浅浅的小圆孔，把毛笔头嵌进橡皮的小圆孔里，用胶水粘牢。

这样，一个带刷子的干净橡皮擦做成了。每当擦完橡皮后，你就可用刷子轻轻地把纸上的碎屑“扫”拢，再倒进废纸篓里。

贴花书签

将花的各部分分解后重新粘贴在白卡纸上，然后用涤纶片封住，制成书签，别有一番情趣。

材料和方法

1. 需要准的工具与材料：剪刀，镊子，豌豆花，白卡纸，胶水，标签，透明胶带纸，涤纶片基。

2. 花开时节，选择一种植物，将花朵取下备用。

3. 将此花分解成花萼、花瓣、雄蕊、雌蕊4部分。

4. 将分解后的花萼、花冠、雄蕊、雌蕊设计成图案粘贴在白卡纸中央位置。

5. 取一张宽的透明胶带纸（长度根据花分解部分大小而定）固定

在桌上。

6. 把贴有花分解标本的白卡纸粘贴于透明胶带纸上，在右下方贴上标签，标签上注明花的名称和各部分的名称，以及制作日期和制作者姓名。

7. 剪一张长宽与透明胶带纸大小相当的涤纶片基，从左向右黏合封住。

8. 在完成的作品上方中央打个洞，扎上彩色丝线即成为贴花标本书签。

做这个书签，除了豌豆花外，还可选择其他植物的花，按上述方法步骤制作。另外，可以省略将花贴在白卡纸上这一步骤，直接将花放在透明胶带纸上，再进行片基封合。

电子小天平模型

在实验中用到的电子天平非常灵敏和精确，你知道它的原理吗？如果你能亲手制作一个电子天平模型，相信你一定会体会到原来道理这么简单。

材料和方法

1. 准备材料：一块木板（最好薄一点，不要太大），一个垫圈，曲别针，锥子，电烙铁，几根导线，两个发光二极管，一节电池。这些材料都很好找，发光二极管如果没有的话可以去电子市场买到，很便宜。

2. 在木板中间用锥子转一个小孔，将一个曲别针弯成勾形，垂直地通过木板上小孔固定在木板上，勾上能挂住垫圈就可以。

3. 再取两枚曲别针，将其一半拉直，只保留一个拐弯，实际上拉直的部分就是天平的臂，剩下弯曲的部分就是托盘。另一个曲别针也做同样的操作。

4. 将两枚曲别针和垫圈焊在一起，垫圈在中间（注意，曲别针要成一条直线）。

5. 将垫圈挂到勾上，调整勾与木板的距离，大约3毫米即可。

6. 在两个托盘下固定两枚曲别针，曲别针旁边准备用发光二极管作指示灯。

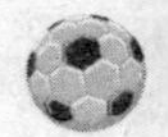

7. 在木板下面设立电路，天平就相当于单刀双掷开关。

这个电子天平小模型就做成了，它最重要的部分就是电路。电路的设计相当于2个回路，共用1个电源、2个发光二极管。只要左边沉，左边的托盘就会和他下面的别针连通，从而电路接通，二极管发光；若两边重量相等，电路不通，两个二极管均不亮。需要注意的是，这是个模型，只能称量很轻的物体，比如说两个小纸屑，可千万别什么

都往上放！

气压计

气压计是学习物理大气压时的小工具，这里介绍一个气压计小发明。

材料和方法

准备材料：长度约20厘米的细玻璃管或透明塑料管一根，小瓶子一个，软木塞一只（直径视瓶口而定）；学生用尺一把，小橡皮筋若干，食用油或机油少许，胶水一瓶以及锥子、0号砂纸。

1. 用锥子在软木塞上加工一个小孔，孔径略小于玻璃管外径，砂纸卷成小棒磨平小孔内壁。

2. 把玻璃管插入软木塞并用胶水密封。

3. 将软木塞紧紧塞入瓶口，用橡皮筋把学生用尺固定在玻璃管上，再往玻璃管的开口端加一滴油，待油滴静止时在尺上记下油位。

这样，气压计就做成了。它可以用来观察油滴的升降；还可以在测量大气压强大小的同时预测天气阴晴。它预测天气的原理是，安装时瓶内气压与外部气压相等（油滴质量不计），油滴静止在某一点。当外界气压变大时，油滴下降，这时可表示气压升高（预示晴天）；反之，当外界气压变小时，油滴上升，表示气压降低（可能会阴雨）。

铁罐胡琴

这里教你自制一把胡琴，除了琴弦以外，其他部件没有用正规胡琴的材料。但它毕竟是一把胡琴，发声的道理同胡琴是一样的。你可以用它来进行初步的练习。

材料和方法

1. 准备废食品铁罐头1个；牛皮纸1张；粗细琴弦各1根；木板1块；铁钉几根；筷子1根；松香少许。

2. 制作方法

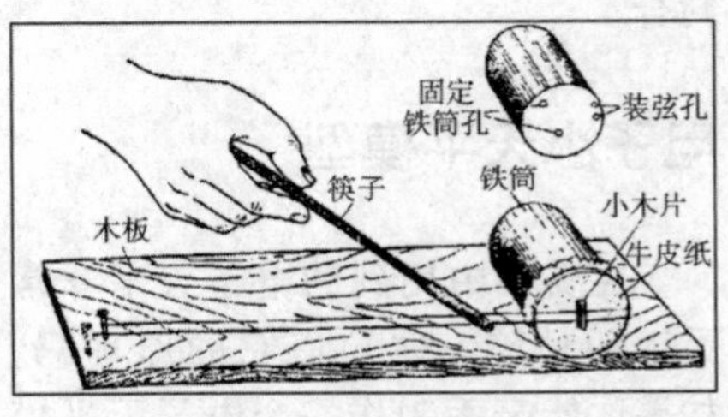

（1）制作共鸣箱：找一个食品罐头，去掉它的底和盖，成为一个空铁筒子，在铁筒的一个口上蒙上一层牛皮纸，用胶水把纸边粘贴在铁筒口的边缘上，或者用橡筋扎牢。另外，在铁筒口边缘上，还要打两个靠近的小孔，用来安装粗细琴弦。

（2）安装共鸣箱：在铁筒的一

侧打两个小孔。用两根铁钉把铁筒钉在木板上。

(3) 制作琴弓：用火烧松香，让烧熔的松香液滴在筷子顶端，这就成了琴弓。

(4) 安装琴弦：在木板的左端一前一后钉两个铁钉，分别把一粗一细两根琴弦拴在铁钉和铁筒的小孔上。在牛皮纸膜处，用一块小木片把琴弦垫起来，一把土胡琴就做成了。

演奏时，手拿筷子，把涂有松香的一端在琴弦上来回摩擦，摩擦不同琴弦，摩擦琴弦的不同部位，就会发出高低不同的声音来。

这把胡琴的原理你知道吗？

其实，是因为涂了松香的筷子摩擦琴弦，琴弦发生振动，通过小木片传给了牛皮纸，使牛皮纸也发生了振动。共鸣箱能够使牛皮纸的振动增强，就能发出声音来。又由于琴弦粗细不同，摩擦部位的长短不同，振动的快慢也就不一样，发出的声音就有高低的区别。

人像叶片书签

有人发明了一个神奇的人像叶片书签，来学一学怎么做吧。

材料和方法

1. 准备材料：一盆天竺葵、一张照片的底片以及酒精、碘酒、黑纸、彩带。

2. 将天竺葵放在阴暗的地方，两昼夜不见光。

3. 第三天端出花盆，将人像底片放在一片完整的天竺葵叶正面，反面用一块黑色硬纸托住，并用夹子夹住四角，使底片紧贴叶片。

4. 把天竺葵搬到阳光下，让夹有底片的那片叶对着太阳晒 2 个小时，然后从叶柄处剪下带底片的叶片。

5. 将叶上的底片和黑纸取下来，把叶浸在酒精中煮沸。由于叶片中的叶绿素被酒精溶解，所以叶变成了黄白色。

6. 从酒精中取出叶片，用水洗干净，在叶上滴加稀释过的碘酒。由于叶片上分布不均匀的淀粉遇到碘酒发生化学变化，所以叶上也就显出浓淡不同、深浅不一的颜色来，这样人像就被印在叶片上了。最后上色并系好彩带，就成了奇妙的人像叶片书签。

冰棍棒笔筒

大家经常吃冰棍，剩下的冰棍棒被扔掉非常可惜，何不利用起来发明各种小作品呢？笔筒的制作很简单。

材料和方法

1. 把收集起来的冰棍棒放入水

中，煮沸消毒后，捞出晒干。

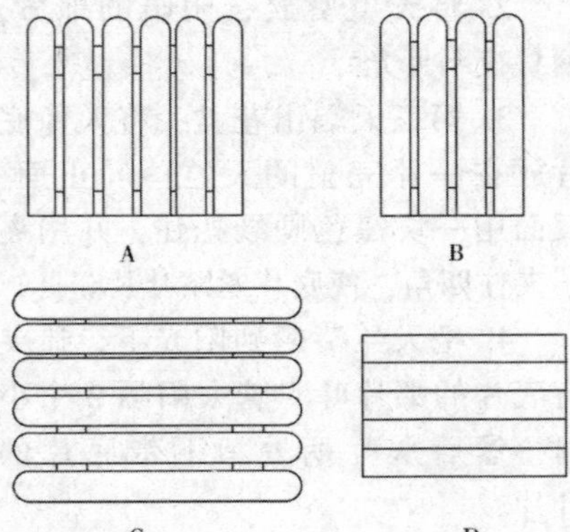

2. 根据图纸的样子自行设计尺寸大小，然后将冰棍棒粘成平板（后背粘上加强条），用小钢锯割成图纸所示形状：A—后背板1块。B—两侧板2块。C—面板1块。D—底板1块。

3. 进行整体组装，这个冰棍棒笔筒就制作成功了。不过，要注意对称和垂直度。

作品完成后最好进行适当的修正打磨，涂上二度泡力水，再涂上一层清漆，干后就更耐用了。

自制测力计

力的概念物理上一个重要的知识点，这里教你做一个测力计，帮助你理解力概念。

材料和方法

1. 准备好材料：弹簧（收音机上的拉线簧或儿童玩具上的弹簧皆可）、易拉罐盒、硬纸板、杆秤、5个小瓶、白纸、细铁条、线。

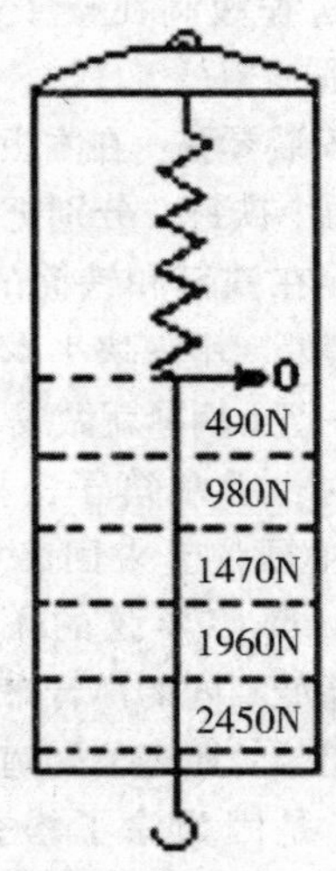

2. 制作方法：

（1）将易拉罐盒展成平板（或用硬纸板）剪成长15~20厘米、宽3~4厘米的小板。用同样大小的白纸片，粘贴在小板上面，作为测力计的刻度板。如图所示。

（2）将弹簧的一端固定在刻度板的一头，弹簧的另一端挂上弯成钩的细铁条（或线）其长度要超出刻度板。如图所示。

（3）用易拉罐盒剪一长2厘米、宽1.5毫米的小指针（或截一段细铁丝），固定在弹簧的下端，作为测力计的指针，如图所示。

（4）用线拴好装有土粒或砂粒的小瓶5个，用杆秤称出它们的质

量，再计算出它的重力，使每个小瓶的重力相等。作为钩码。

（5）刻度。将制好的刻度板连同弹簧竖直挂牢，记下指针位置，取1个作钩码用的小瓶挂在弹簧的下端，记下指针所指的位置。挂2个记下指针所指位置，挂3个、4个、5个，依次标记（未挂小瓶时指针所指位置作为零刻度），并在各标记旁写清多少牛。

这样一个测力计就做好了，可以帮助你学习物理力学知识了。

简易肺活量计

肺活量是指一次深吸气后的最大呼出的气体容积。由于人体呼出的气体密度比水轻，在水中会上升，所以可以用“排水法”发明一个简易肺活量计。这里就教你这样一个简易肺活量计。

它的原理是，在塑料桶中装满水后倒过来放在水中，通过导管向桶内吹气，利用气体上升把桶底的水排出，水受重力自动向下流而水面下降的原理，可以进行肺活量测量。人体吹出气体的体积，就是桶内被排出的水所占的体积，即桶内被排空部分的容积。

材料和方法

1. 准备材料：

（1）带盖儿透明塑料桶（如装金龙鱼食用油的塑料桶，5升；或鲜橙多塑料瓶，2升），60～80厘米长的乳胶管（约塑料桶身高的2倍多），玻璃管。

（2）废旧搪瓷缸或油漆盒（内口径为8～10厘米，高为9～11厘米）。

（3）其他材料：500毫升量杯、250毫升量杯，直尺、三角尺，油性记号笔，酒精喷灯，瓷碗碎片，剪刀、锉刀等。

2. 标画刻度：

（1）将塑料桶清洗干净。

（2）把塑料桶正放在水平桌面上。

（3）用量杯量500毫升水倒入塑料桶中，待水面平静后，在凹痕平行的两个面中央，用直尺刻度边与水的平面平行，用记号笔分别画出2条1.5厘米长的横线与水面水平重叠（实际操作中，根据笔尖的粗细调整直尺刻度边与水的平面之间平行的距离，要让画的刻度线与水面水平重合，以减少误差）。

（4）沿桶身分别在画出的两条横线的右端垂直画一条竖线，接下来应在两条垂直竖线的左边分别画水平刻度线，具体做法是：量100毫升水，倒入塑料桶中，待水面平静后，画出1厘米长的横线与水面水平重合；再倒入100毫升水，重复

以上操作，只是在 1000 毫升、1500 毫升、2000 毫升、2500 毫升……刻度处用 1.5 厘米长的横线，其余用 1 厘米长的横线。一直画到 5000 毫升刻度线处为宜（实际操作中，由于所选塑料桶表面凹凸不平，所画出的刻度线间的宽度并不均匀，能找到表面平整一致的透明塑料桶最好。画 2 组刻度，便于学生较多时进行自读和他读）。

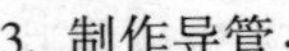

3. 制作导管：

（1）用酒精喷灯烧制弯曲出一个 90°的直角弯玻璃管，两直角边长约 4～8 厘米为宜，并将两端截面熔烧光滑。再制作一根长约 8 厘米的直玻璃管，也将两端截面熔烧光滑，用做肺活量计的吹嘴。

（2）将直玻璃管和弯玻璃管分别连接在乳胶管的两端，制作成导管。

4. 制作支架：

（1）在废旧搪瓷缸或油漆盒的外壁上沿缸底起剪出一个 7 厘米×9 厘米的洞，再在其对面也沿缸底剪出一个 5 厘米×5 厘米的洞。

（2）用锉刀将洞口边缘锉光滑不致伤人。这样，支架就算制作好了。

使用时，在平底盆中装入小半盆水，把支架放入盆中。将塑料桶装满水，把盖儿拧紧后，倒扣入盆里放到支架上面，让桶嘴浸入水中后，再拧下盖儿，将直角玻璃管插入桶嘴，并调整塑料桶保持垂直。手持吹嘴，站立深深吸气至最大限度，双唇紧含吹嘴玻璃管，徐徐向桶内吹气，不要让气外漏，截至不能再吹为止。沿水平位置读取刻度所对应的值，这个值就是所测得的肺活量（在进行体格检查中的肺活量测试，测试者需要测量 2～3 次，每次间隔 30 秒以上，再次测试，记录时取最大值）。

注意：作为吹嘴使用的玻璃管，每个人使用后，都应让唾液从直玻璃管中流出后清洗干净，再用酒精严格消毒，才能由下一个人使用。

有了这个简易肺活量计，你就可以时常测量一下自己的肺活量，掌握自己的健康状况。

清洁墨水瓶

吸完墨水后的钢笔笔头往往会沾上墨水，一不小心就会弄脏手指，真麻烦。其实，只要给墨水瓶加个零部件，就没有这种麻烦了。

材料和方法

准备好旧海绵、剪刀就可以开始了。首先剪一块海绵，它的厚度比墨水瓶瓶口的高度稍稍低些，然后在海绵中间开一个直径跟瓶口差不多的小圆洞，最后，将海绵套在

瓶口上。这样，一只清洁墨水瓶做成了。

吸完墨水，只要将笔头在瓶口的海绵上擦几下，笔头就变得干干净净，再也不会弄脏你的手了。海绵脏了可换一块干净的，也可以洗净了再套上。

吸管密度计

密度计是物理学中常用的仪器，这里教你做一个简单的密度计，很是方便实用。

材料和方法

1. 取一吸汽水的塑料吸管，用适当橡皮泥或蜡将吸管一端封住，从另一端植入铁砂或沙子。

2. 将吸管竖直放到一水桶中(封住一端向下)，待稳定后，沿水面在吸管做标记，这刻度线即标为水的密度 1.0×10^3 千克/米^3。

3. 把吸管放入密度比水大或小的液体中，用标准密度计来标出吸管密度计的刻度。

密度计也可用铅笔、筷子、木条的一端紧绕几匝金属丝的方法来做。

滚动测距仪

目前人们用来测量长度距离的工具大多为直尺、卷尺、测绳等，由于尺子的长度有限，测量较长的直线距离时，需要反复移位，分段测量后，累计相加才能得到结果，操作麻烦，费时费力，且精确度不高。测量曲线长度时就更为困难，误差也更大。

这里教你制作滚动式测距仪，用它测量距离，不受曲直的限制，操作方便，省时省力，且精确度高。

材料和方法

1. 材料：滚动计数器 1 只，数字显示器 1 只，木板 16 毫米 ×300 毫米，有机玻璃 1 块，木棍等。

2. 用有机玻璃割一只直径300毫米的圆，钻好中心孔，按图示画上刻度做滚动轮。

3. 用木板照图做一只“U”形支架，前端两侧钻孔，侧面装上滚动计数器和数字显示器，计数靠轮与滚动轮侧面靠碰，调节靠轮距离，使计数器正常工作。

4. 在滚轮支架顶部装上木柄、支架前端靠轴心位置按图装一只铁皮指针。

使用时，推滚测距仪能方便测量并显示直线和曲线的距离，它不但能作为教具供教师教学使用，还能供工程部门进行野外测量使用。

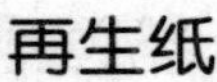

再生纸

学完四大发明的造纸术，你有没有想过自己也制作一些纸，自给自足？这里就给你介绍这样一个小发明，不妨跟着做一做。

材料和方法

1. 准备材料：没用的旧报纸2大张、食物料理机或是果汁机、胶水、3～5杯水、一个深约10厘米的水槽、没用的玻璃丝袜、铁丝、一个熨斗。如果你还想让纸有些变化，可以准备一些染料、彩色线头。

2. 把铁丝弯成四方形，接缝的地方用线缠起来，小心不要割到手。将四方形铁丝套进丝袜里，然后在两端打结，你看，现在我们已经有一个筛子了。一个筛子一次只能做一张纸，所以你可以多做几个筛子备用。

3. 把报纸撕成碎片，摆在一旁，要小心，不要让风吹跑了。

4. 抓起一把报纸碎片，放进果汁机或食物料理机里，加一些水进去，然后启动开关，记得要持续地加碎纸片和水，一直到你看不见任何的纸片为止。好，现在我们有了一大团灰色的纸浆。用手试试看，如果是滑滑的，就表示你离成功不远了，做好了以后，先静置2分钟。

5. 将做好的纸浆倒到水槽里，加入胶水，用手小心地搅拌均匀。

6. 把我们做好的筛子轻轻地平放进水槽，然后再慢慢地提起来，记得要慢慢的喔！在水槽上方稍微等1分钟，让多余的纸浆流回水槽。在做下一张纸之前，要先搅拌纸浆，每做一张纸就要搅拌一次纸浆。

7. 把做好的纸连筛子像衣服一样用衣夹挂起来，或者拿到太阳底下晒干。等到确定纸浆已经完全干了，你就可以轻轻地把纸撕下来，然后用熨斗烫平。

好了，你终于做好了再生纸。试试看，用剪刀剪成你想要的形状，在纸上面画图写字，是不是跟一般的纸一样？如果想试试“特殊效

果”，你可以将准备的线头、染料，加进纸浆，看看会有什么变化？你也可以试试其他工具，补虫网、纱窗……看看不同的工具做出来的纸有什么不同吗？

简易书架

回家做作业或者用电脑打字的时候常常要看书。书平放在桌子上，看起来很费劲。这里教你做一只简

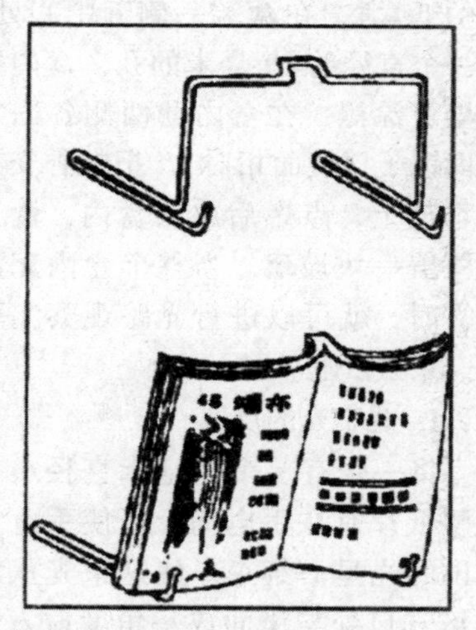

易书架，让书斜着放，看起来很方便。

材料和方法

找一根铁丝，照书的大小按图弯个架子架脚与架身之间成锐角，锐角大小自己根据需要决定。使用的时候，插上书本就可以了。

地球仪

地球仪是学习地理知识的好伙伴。制作一只小巧的地球仪很简单，它取材方便，同学们都可以自己做。

材料和方法

1. 准备材料：皮球一个，塑料底座式鞭炮、牙膏盖各一个，铁丝、线、胶泥等。

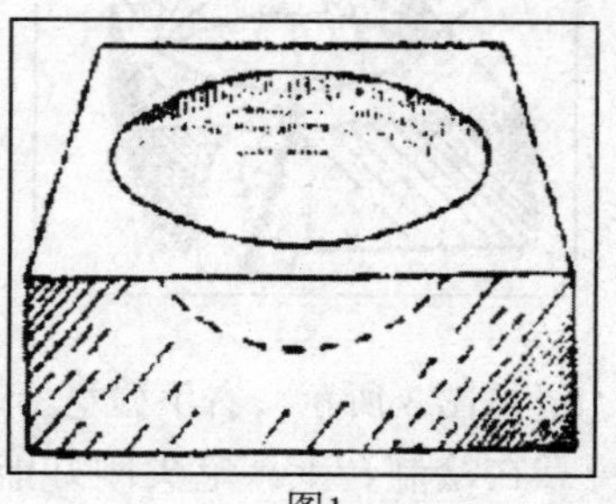

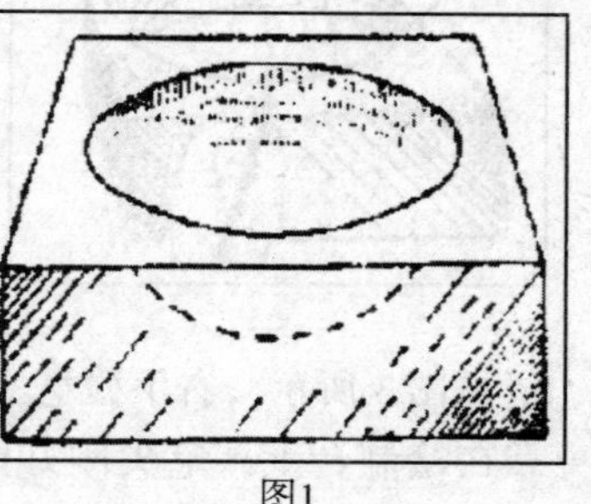

图1

2. 按如图 1 所示，用胶泥制一个地球仪经纬线绘制台，中心圆坑直径与皮球直径相同，能放进去半个球体。在半圆坑周围标刻南极、北极、赤道（0°）及南北纬度数值。

3. 在皮球上确定北极和赤道位置。用线绕赤道（球的最大圆周长）一圈，量出赤道长度，以世界地图为样式，把赤道线均分为 18 等份。

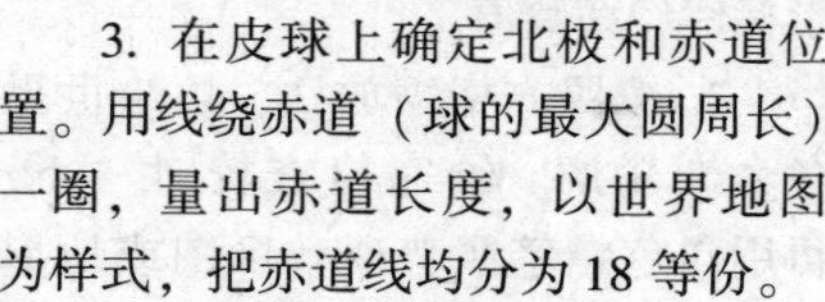

4. 将球放入绘制台半圆坑，固定南北极、赤道位置。用左手按住球体，右手握笔，通过预先分好的等份，依次连接南北极描经纬圈，

如图2所示，每转20°角，画一个经纬圈。

图2

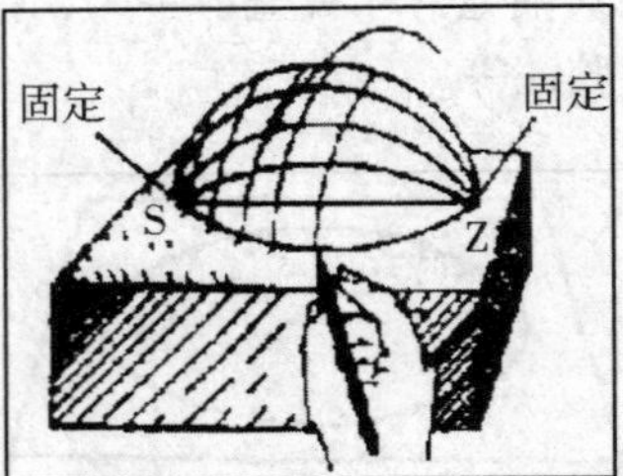

图3

5. 按图3所示，右手握笔不动，笔身靠在绘制台上，笔尖刚好能够接触球面，落位在绘制台上标明的纬度位置上；保持两极点不动，左手慢慢地拨动球体，依次绘出各纬线圈。

6. 经纬网画好后，参照世界地形标注经纬数值。

7. 按照方格缩放法，填绘世界各大洲轮廓。绘完检查校对一下，再用彩色蜡笔照普通政区图或地形图着色。

这样一个方便实用的地球仪就做好了。如果你用气球代替皮球，不用的时候放掉气，携带会更方便。

简易光路观察箱

光是沿直线传播的。发明一只光路观察箱，就可以进行光路的观察与实验，尤其对光的反射、吸收、折射等实验中光路的观察非常有帮助。

材料和方法

找一个长方形硬纸盒（如装皮鞋的纸盒），在盒端一侧近中心处，开一个直径约10毫米的孔，盒内壁用墨汁涂黑。在盒内壁两侧各固定一面镜子（镜面相对）。把蚊香安在蚊香架上，点燃后放入盒内，盒上面覆盖一块玻璃。当整个盒内充满烟雾时，就可以进行光路观察实验了。来试试吧！

1. 观察光的反射

将一张有一个2毫米直径小孔的硬纸片遮在手电筒上，使手电筒射出的光呈一细束。使这束光从观察箱开口处与镜面成一角度射入箱内。从玻璃片向下观察，会看到光束在两镜面之间反射后呈W形折线传播。改变光束入射的角度，折线角度随之发生变化，但入射角与反射角始终相等。

2. 观察光的吸收

在其中一镜面上覆一块黑绒布或黑纸。光束射到上面时，光路即

中断，观察不到反射光，说明光被吸收了。

3. 观察光的折射

取下手电筒上的纸片，使光直接由孔射入箱内，在箱内形成直径约 10 毫米的光柱。设法在光柱中放置一片凸透镜，可观察到光线经透镜折射聚集后形成圆锥形光柱。

做了这些实验，你知道为什么要让箱内充满烟雾吗？动脑思考一下。

卫生纸芯笔筒

这里教你用卫生纸芯发明一个笔筒，材料很简单，只需要 3 个卫生纸的芯，1 块硬纸板（做底），有弹力的碎布，有弹力的花边就够了。

材料和方法

1. 根据纸筒的大小，把布裁成一个长方形，对折，缝边，穿过纸筒，向外翻出正面至底部，再把下面的向外翻出一点，搭上刚才翻的那个边。调整一下，让布都贴在纸筒壁上，这样一个筒就做好了。同样方法做三个。

2. 把做好的三个纸筒放在一起，放在硬纸板上，沿着边缘画底，剪下来。可以用胶粘上去，再拿一块布围在三个纸筒外面，底边稍长点，向底折过去，粘上。

3. 再把花边剪成合适的长度，缝好接头，套上去，就做好了。

可折叠黑板

每次换座位时，总能看到同学们“几家欢喜几家愁”，因为同学都不愿意坐在教室的两侧。黑板反光，

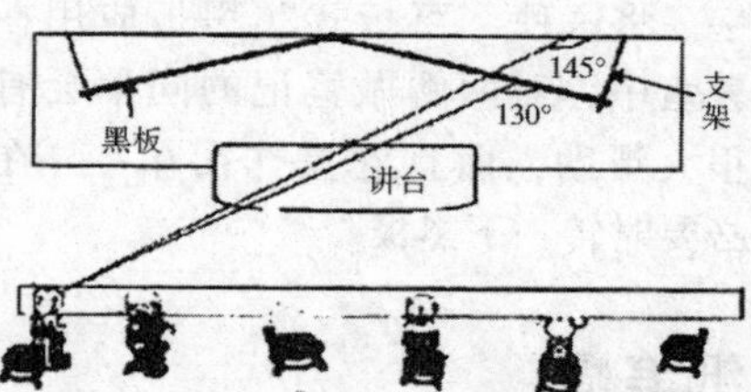

坐在两边的同学总因为位置太偏而看不清黑板，老师的字变成一条一条的，分辨不清写的是什么。特别是向另一侧看时，黑板简直就成了“白板”。要解决这个问题，可以制作一个可折叠黑板，也就是把黑板做成书的样子，两边可以折起来。

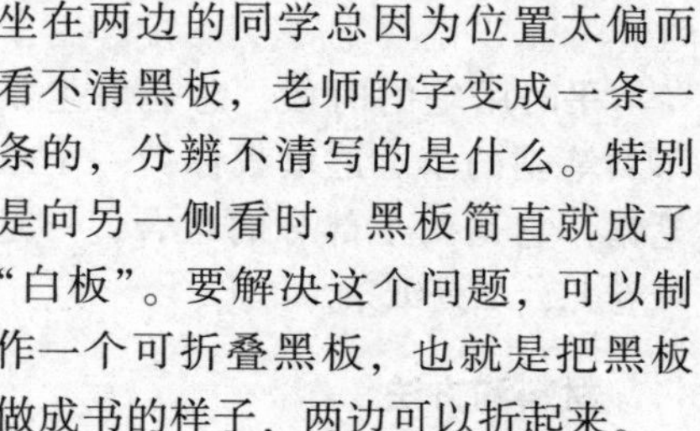

材料和方法

1. 将黑板分为等大的两部分，它们之间用转轴连接。

2. 把转轴固定在墙面上，两扇黑板可自由转动。

使用时如同开门一样，将一侧的黑板进行调节，从而改变视线与字的角度。比如黑板在墙上，甲的视线与黑板成的夹角为 145°，他看到的字是细长的，而且有些模糊。

人的视线与黑板为90°时看到的字最清楚。所以视线与黑板夹角越接近90°，字就越清晰。这时只要把黑板略微转一下，使黑板与甲的视线夹角成130°，他看到的字就会比刚才要清楚。通过这种方法，原本看上去被“挤扁”的字变得“正常”了许多，两侧的同学很容易看清写的字。将这种“可折式”黑板应用在教室中，对两侧做笔记的同学会有很大帮助，而且它操作简单——在必要时转一下黑板。

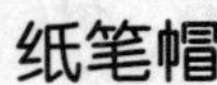

纸笔帽

平时用笔的时候，总会发生找不到笔帽的事。这里教你做一个纸笔帽，它是两个部分的组合，一是纸卷儿，二是纸条。

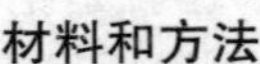

材料和方法

1. 做纸卷儿，找来一张自己喜欢的花纸，比一下笔帽大概需要的长度，这个长度也就是纸卷儿的宽，一般3厘米多就够了，然后折个印儿做下记号，做这个纸卷儿的长呢，大概需要十几厘米就够了，把纸卷儿长和宽剩余的部分剪掉。

2. 然后按照笔的粗细来卷纸卷儿，卷的时候没必要太紧，不然帽子太小笔就戴不上了。

3. 卷好后用纸卷儿再来量纸条的长度，在一端留1厘米左右，然后纸条儿只要能竖着绕纸卷儿一圈就行了。剪掉剩余的部分，然后把宽纸条儿折成窄纸条儿，大约折成1厘米宽就行了。

4. 接下来把两部分装在一起，把纸条的一端折1厘米左右，塞进纸卷儿，再顺着纸卷绕一圈，最后把另一头儿的小尾巴也塞进纸卷儿就行了。

简易打格尺

做作业的时候，常常需要用表格来更清晰地表达题目的答案，用一把直尺在纸上画表格是个费力费时间的活，而有了下面要介绍的新发明就好多了。

材料和方法

准备好有机玻璃条板、空心铆钉和带刻度的条板尺，就可以开始做了。

根据平行四边形原理，用铆钉将有机玻璃条板按一定等距离组合到一起，将带刻度的尺装在一角，这样简易打格尺就做成了（如图）。

使用时，拉动尺子，就能调节

各条板间的宽度，方便地画出你所需要的线条。

时区计算器

现在教一个时区“计算器”的小发明，帮助你更好地学习有关时区的知识。

材料和方法

1. 用硬纸做大小两个圆盘，两圆盘的圆心对齐，把圆盘分成24格，每一格的圆心角是15°。

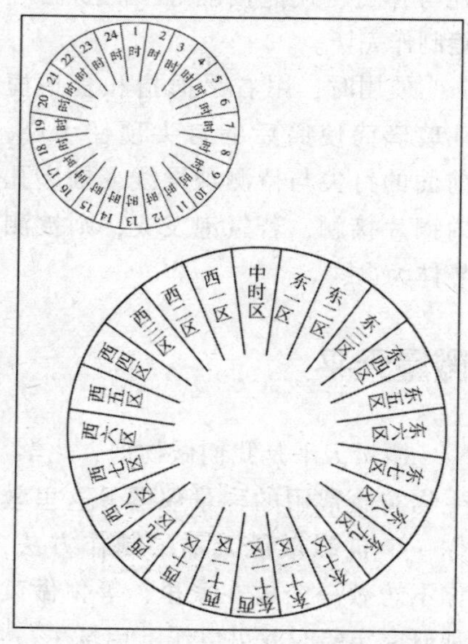

2. 大圆盘上写24个时区的名称，小圆盘上写24个小时的名称。

3. 把两个圆盘扣在同一圆心上，并能随意转动。

计算时间按下例：

问北京正12时的时候，伦敦是几时？查时区表可知，北京在东八区，伦敦在中时区。转动圆盘，使东八区对准12时，查中时区对应的时间是4时。因此，当北京是正午12时的时候，伦敦是凌晨4时。

易拉罐台灯

利用易拉罐空罐，能制作各种科技模型，如飞机、火箭、轮船等。这里向大家介绍一盏用易拉罐制作的台灯。

材料和方法

1. 准备材料：易拉罐空罐2个、小开关1个、2.5伏电珠1只、电线、502胶水、焊锡、电池。

2. 把两个易拉罐分别剪下底座，其中一个四周须留出10毫米的边。

3. 将不留边料的底座在中心处开一个直径5毫米的圆孔，再在离圆孔10毫米处开一个4毫米×7毫米的开关安装孔，接着在底座的周边剪出4个等距离的销舌。

4. 将有周边的底座剪成三点波型灯脚，然后将底座凸起的地方按照另一个底座上销舌的位置，用锉刀锉出4个销孔。

5. 将易拉罐剪开、展平。剪取15毫米×100毫米一块，弯折成灯

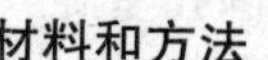

座，接缝处用502胶粘牢，灯座的上下方分别钻出直径8毫米和5毫米的圆孔。

6. 剪取易拉罐铝片55毫米×20毫米一块，弯卷成直径为5毫米的空心圆柱。

7. 取易拉罐铝片，剪成灯罩固定架2片，弯折后用502胶粘在灯座的内侧。

8. 将空心圆柱下部插入部分反面剪四刀，然后向外折90°并涂上胶水胶牢。圆柱的上部绕上一圈透明胶水纸，套上灯座，四周涂上胶水加固。

9. 灯座上方的圆孔里旋入焊上电线的小电珠，电线穿过空心圆柱至上底座穿出。

10. 在上底座的方孔里用502胶将小开关粘牢，再将7号电池捆绑好安置在下底座内，然后用电线将整个电路连接好，最后将上底座销舌插入下底座的销孔里，弯折销舌，使上下底座联结。

自制测电笔

这里教你一个制作一个测电笔，当你学习电磁学时就可以派上用场了。

材料和方法

1. 准备材料：1个氖泡，1个小弹簧，1个玻璃平底管状小药瓶，2个软木塞（或绝缘橡皮塞），2个铁钉，1个碳质电阻器（0.25瓦，2～5千欧）。

2. 把小平底玻璃瓶在砂轮或粗糙水泥地上细心地磨掉瓶底，成圆筒。

3. 把电阻器两端引线去掉，磨去两端的绝缘漆，将它同小氖泡、小弹簧装进圆筒内。

4. 把两个铁钉分别穿过软木塞，盖在圆筒两端并使钉帽在筒内，分别与弹簧、氖泡接触好，简易测电笔制作完毕。

使用时，用右手拇指和食指捏住玻璃筒使筒后的钉尖顶住手心，前面的钉尖与待测裸导线或插座孔内铜片接触，若氖泡发光，则被测导体为火线。

微量天平

微量天平是我们做物理、化学、生物实验常用的称量仪器，这里教你一个自制微量天平的制作方法，你不妨做一个放在家里，等你做某种研究实验时就可以派上用场了。

材料和方法

1. 准备材料和工具：卡纸，能弯头塑料管，橡皮泥，空的火柴盒，

大头针，笔，细棉线，直尺和剪刀。

2. 把一些橡皮泥压入吸管的一端，将螺丝钉拧入橡皮泥中，在吸管靠近螺丝钉部位穿一枚大头针，另一端剪一个缺口。

3. 用卡纸剪下一长条，用笔画上标尺，下端折弯，使它垂立住。将火柴盒外表剪成两半，架上大头针，调整螺丝钉，使弯头吸管一端与标尺顶部的记号平齐。

4. 将一小段细棉线轻轻地放在天平的一端，吸管会活动，降到标尺下面的记号处。

微量天平就做好了，你可以称一些小东西试试，现在，你能说出这台微量天平这么灵敏的原因吗？

浮力测试仪

在水中的物体都受到了浮力，但是有的物体浮在水面，有的沉入水底，怎么测试水对各种物体产生浮力的大小呢？现在就让我们动手做个测试浮力的小工具。

材料和方法

1. 准备材料：小木棒，易拉罐，白纸，厚卡纸，棉线，铁丝，小钉，大头针。

2. 在厚卡纸上裱上白纸，干透后按图1将测量刻度描画在白纸上，再沿轮廓线剪下，钻出中心孔。

3. 从铝质易拉罐上剪取一条60毫米×3毫米的铝皮弄平直，按图2修剪成指针，在距离其尾端3毫米和8毫米处再钻个φ1毫米小孔，将末端小孔处向上弯翘一些后穿一根160毫米长细棉线，线端扎个大头针弯成的小钩。

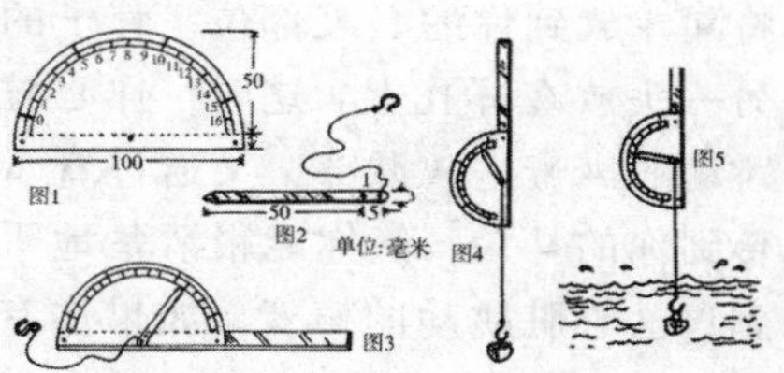

4. 锯一根10毫米×4毫米×180毫米的木棒做手柄。

5. 接图3将半圆形面板的底边胶合在木棒上，把轧短了的大头针穿在指针距末端8毫米处的小孔里，然后插入面板中心孔，轻轻钉上，但不可钉死，能让指针灵活转动。

测试浮力时，找块蚕豆大的卵石，用线扎住，吊在小钩上，像图4那样拿着测试仪，读出指针读数，再缓缓放入盛水的盆里（不碰碗底），再看指针位置，如图5，看它比石块入水前轻了多少，这个相差数，就是水对小石块所作的浮力。

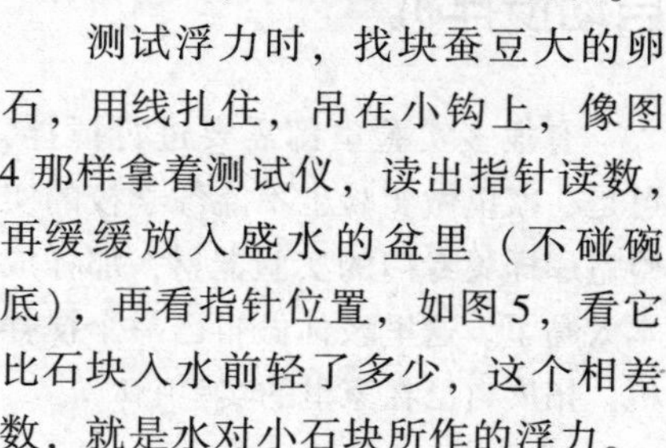

自制听诊器

你听到过自己的心跳吗？如果

你自己动手做一个简易听诊器就一定能听到。

材料和方法

全部材料只需一只漏斗或一只底部带管子的胶木碗，以及1米左右长的胶皮管。

把胶皮管的一头套在漏斗嘴上。将漏斗放到你的心脏部位，管子的另一头放在耳孔上。这时，你心脏跳动的声音进入漏斗，又通过管子传到你的耳朵，使你能很清楚地听到自己心脏跳动的声音。如果你有一只灵巧的计时器，你可以数出每分钟自己心跳的次数。

把漏斗贴在房子里的其他东西上试试，如收音机、表和昆虫，听听它们从听诊器中发出的声音有多大，你也可以学习一下医生的工作。

自动搅拌机

有很多实验里都需要进行搅拌，可是在家里做实验也不能像学校的实验室那样买专门的实验器材，那样成本太高了。这里教你做自己一个搅拌机，拓展自己在家里的实验吧！

材料和方法

1. 准备材料和工具有木板、木档、小马达、电池盒（内装2节五号干电池）、电源开关、电线、连接软管、铁丝转轴、滑轮按钮、羊眼圈、铝片、玻璃杯、螺丝钉、螺丝刀和锥子。现在可以开始了，方法如下。

2. 先用木料按图1做十支架，设计好装马达、电池盒、按钮开关的位置，并确定放玻璃杯的位置。

3. 按图2用螺丝钉分别把马达和电池盒固定在支架的上端，将电源开关固定在支架的背面。

4. 将连接软管端固定在马达轴上，把小铁圈固定在支架的中间，将转轴穿过小铁圈，上端装在连接管内，下端装在滑轮按钮内。

5. 在长条铝片的中间钻一个洞，并把铝片折弯，用螺丝钉把它固定在固定按钮的下端。

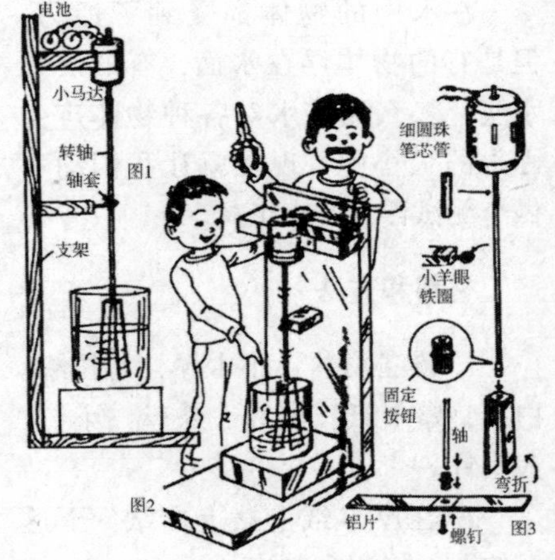

6. 用电线把马达、电池盒和电源开关连接（见图3）。

使用时，把盛液体的玻璃杯放在支架下端盘。按下开关，使线路接通，马达立即转动，旋转的轴使铝叉转动，不断地搅拌杯中的液体。你可以开始做某个以前不能做的实验了。

科技小发明

KEJI XIAO FAMING

这一部分的小发明利用了有关物理、化学、生物等各个学科的知识，是在各个领域里做的小尝试。通过制作这些对科技探索方面的发明可以培养同学们动手动脑的习惯，在各种形式的发明制作中，学会手脑并用，全面提高素质。

“科技小发明”部分紧密联系现行中小学教材中自然科学学科的探索，并适当予以延伸，以拓宽同学们的知识面，主要是向同学们介绍一些简便易行、富有启发性的小发明的制作方法。注重趣味性，所选素材力求生动活泼、形式多样、题材广泛，各个年龄段的同学们都能找到适合自己完成的小发明。

这些科技小发明是对各学科需重点掌握的知识的延伸，如某些模型的发明制作等。从这些小发明中你将会更深刻的理解各种知识，如果你肯动脑，一定会以这些原理制作更好的发明。

I

楼宇雨水自动收集器

我们的水资源一直都是不够用的，如果能将雨水收集起来再利用的话，那将会很好的缓解水资源紧张的问题，这个“楼宇雨水自动收集与应用装置”的小发明是一种尝试思路。

该装置的主要功能是自动收集楼顶的雨水，过滤后储存起来，可以用于浇花、冲洗马桶，虽然还不能直接饮用，但可以节约地下水的使用，也可以扩展应用到农村的水窖或城市的道路雨水收集。

如图所示，该装置由进水、蓄水、两级过滤系统、浮子、抽水机、电源和控制电路 7 部分组成。进水池中有一级粗过滤、一个浮子和一个下水口，下水口通到楼顶排水管内，当水量过大时多余的水会通过

下水口排掉，不会造成楼顶积水。蓄水罐中有活性炭过滤网，过滤网可以拆卸，便于清洗和更换。进水池安装在楼顶排水管的上方水道附近，其中的下水口通到排水管内，蓄水罐放在楼顶的任意位置。电源和控制部分应该防水，避免漏电。

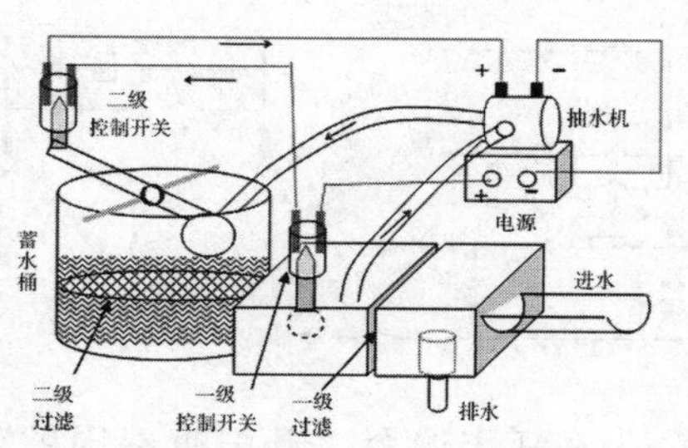

当雨水较大时，地面和楼顶积水，雨水经过一级过滤后流入进水池内，水位达到约 2 厘米后，进水池中的浮子随水位的升高而上升，浮子的连杆上端有金属导体，套筒中的弹簧片外接导线，导线与电源相连，当浮子连杆上端的金属与弹簧片接触后，便接通了电源和水泵之间的一级开关，此时允许吸水。

在蓄水桶中有一个同样起开关作用的浮子，如果此时蓄水桶中水位低于最大蓄水量，浮子下沉，浮子的另一端则上升，接通另第二级开关，允许进水。

两级开关同时接通时，抽水机电源接通，开始工作，将进水池内的水抽送到蓄水桶中。如果蓄水桶中水位超过设定值，蓄水桶中的浮子上升，浮子的连杆下沉切断电源，水泵停止工作，多余的积水通过排水管排掉。或者进水池中没有足够的水，同样会切断进水池中的开关，水泵也将停止工作。

蓄水桶中的水经过活性炭过滤网的过滤，经给水管道为用户提供用水。

楼宇雨水自动收集与应用装置具有以下特点：

1. 全自动

该装置由两个浮子感应积水的深度和储水的水位，自动完成对水泵的通、断电控制。能够保证微雨和小雨不工作，大雨才能工作，而且不做无用功。

2. 价格低廉

模型所购买的材料有小水泵、水管和龙头（其他为废旧物品），价值不到 20 元，如果达到实用，水泵在 300 元左右，蓄水罐可以使用旧汽油桶或水泥池，总价值在 400 元左右，如果建造合理，还可以不用水泵直接蓄水，花费更少。

3. 应用范围广

可以用于城市的楼顶蓄水，作为浇花、冲马桶，过滤后还可以作为太阳能热水器的进水，用于洗澡，也可以用在农村的水窖蓄水。

对装置稍加改造，即可有更大的使用范围，比如：在建房时如果

低于房顶建设蓄水桶，则不需要使用水泵吸水，只需将进水池加大即可实现，更节约能源。如果使用更为先进的过滤技术，可以作为饮用等生活用水，还可以建立大型雨水收集与净化装置，为城镇居民供水。

简易电线剥皮器

这个简易电线剥皮器的小作者是个细心观察的同学，他看到电工师傅安装空调时，由于电线又粗又硬，不能用剥线钳剥皮，而改用电工刀削，速度比较慢，于是，他想发明一种新的电线剥皮器，适用于不同粗细的电线，便于使用和携带。

经过研究思考，他找到了解决办法，把一块正六边形有机玻璃一分为二，在上面分别钻上圆孔，再用两片双面刀片放在两块有机玻璃中间。在刀片两端有孔处和有机玻璃圆孔处，用螺丝螺帽固定住。这实际上组成了一个平行四边形，压缩上底下底，可以改变两条斜边（刀片）之间的距离，因此，可以适应较细电缆线的剥皮工作。

“升国旗奏国歌”同步器

在校园每周一举行的“升国旗”仪式已成惯例。然而，常常由于旗手升旗的速度和扬声器播放国歌的速度不一致，“升国旗”的过程不够圆满。

这里介绍一个利用电学知识，制作的“升国旗奏国歌”同步器。它由旗杆、旗杆基座、录音机三部分组成，其电路图见图1、图2。

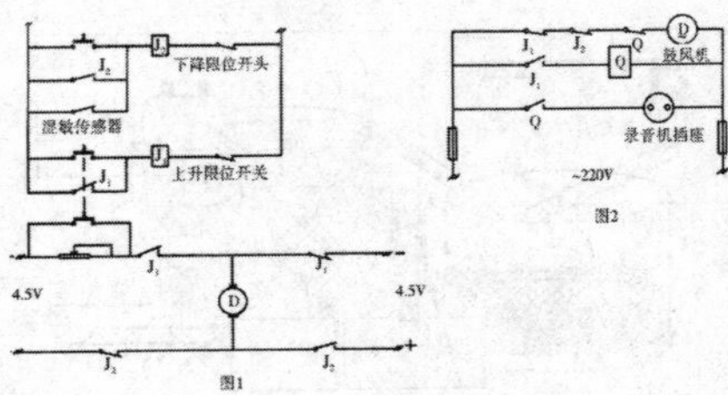

图1　图2

在制作这个“升国旗奏国歌”同步器的过程中，由于奏国歌的时间为40秒，需要调整电机的转速，以达到电机使国旗升起与奏国歌同步的目的。为了降低电机转速，在电路中加了电阻。然而加电阻会影响电机的启动，可以安装一个联动按钮开关来解决这个问题。

当按下升旗按钮，电机在额定电压下启动；当松开升旗按钮，电机在电阻的作用下降压运转。无风的天气，当国旗升到旗杆顶端时，安装在基座中的鼓风机会自动启动，国旗能迎风飘扬；每逢下雨天，安装在基座中的湿敏传感器会自动启动电机，自动降旗。为了操作方便、省电，还可以设计制作升、降到位自动停机的行程开关。

节水转桶

家里的热水器每次打开时，流出的总不是热水，要过一会儿才变热，在此以前流出的冷水往往都浪费掉了，令人心痛。

为了节约宝贵的水资源，这里介绍一个节水转桶，它通过一个圆环套在水管上，可以旋转。当水龙头流出冷水时，将桶转到龙头下方，收集冷水待用。出水变热时，将桶转到另一边。

由于盛满水的桶很重，考虑到水管和套环的受力问题，还可以将水桶换成接着水管的漏斗，让它将水引到搁在地上的贮水容器里。

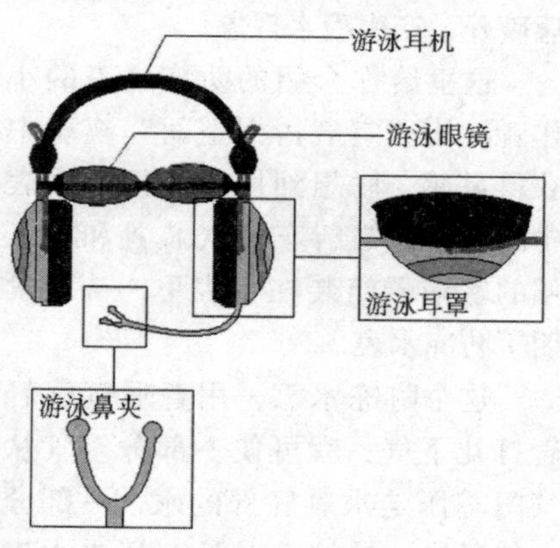

游泳耳机

游泳是夏天人们最乐意参加的活动，这里介绍一个完整的头上的游泳设备（指游泳眼镜、游泳耳塞、游泳鼻夹）的小发明，你可以参照图中的样子找合适的材料自制。

它的样子与普通耳机差不多，话筒处是游泳鼻夹，而耳机处是游泳耳罩，在耳机上，可以安一幅游泳眼镜。戴的时候，先戴上耳机，再戴上潜水眼镜，再跳入水中。

这个游泳耳机能够让游泳佩戴的小部件保存的完整，使用和保存都很方便。

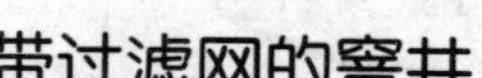

带过滤网的窨井

城市马路上的窨井是重要的排水设施。下雨时，随着雨水流入窨井的，往往还有尘土、泥沙和漂浮垃圾。窨井下面有一定深度的蓄水池，泥沙、碎石等能沉积在里面，过一定的时间挖干净。可是纸屑、小塑料袋、树叶等垃圾会漂浮在水面上，随雨水流进下水道，积存多了要造成堵塞，妨碍排水。

可以考虑在窨井盖下面加装一个斜面过滤网，漂浮垃圾都落在滤网的下端，不会进入下水道。滤网的下端是转轴，便于开启窨井。如果把滤网下方做成折角，清除垃圾就容易多了。

防盗窨井盖

许多城市都发生过马路窨井盖

被盗而酿成的意外伤害事故。这里介绍一种避免窨井盖被盗防盗锁，它须用专门的钥匙开启，而且这种钥匙要用较大扭矩才能让锁舌滑动。处于锁定状态时，窨井盖上的锁舌向两边伸出，被井圈座卡住，无法打开井盖；只有用钥匙才能拧动锁舌，使它收缩，井盖便能打开了。

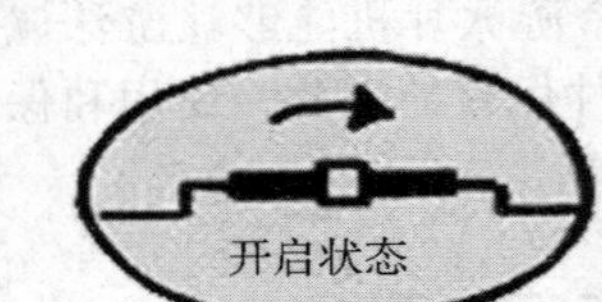

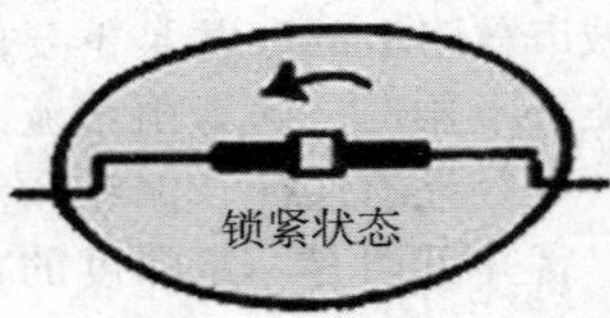

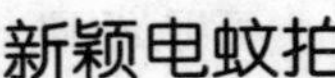

新颖电蚊拍

夏天，我们常常要使用电蚊拍电死空中的蚊子。不过，有时当蚊子停在天花板上时，传统的电蚊拍就不能发挥作用了。这里介绍一种电蚊拍，它的拍面可旋转，这样天花板上的蚊子也能电死。

它是这样的：拍面装在转轴上，当蚊子停在天花板上时，把拍面旋转90°，与拍柄垂直，举起电蚊拍，靠近天花板上的蚊子，就可以电死蚊子。它的特征在于：拍面可以旋转90°。这样不仅可以电死空中的蚊子，而且可以电死在天花板上的蚊子。

防冻水表

在供暖不好的地方，经常会发生水表冻坏的事故。水表冻坏以后，常常会让无人的家中遭水淹。

水表在使用过程中，整个表内充满了水，水表磁面与表面玻璃在水压的作用下产生一种吸力。即使水表的进水阀门关上，水龙头打开，也无法放掉水表中的水。用户夜间停止用水，水表内的水不流动，当温度低于0℃时，表内的水受冻结冰，体积膨胀，导致水表的表面玻璃破碎，产生喷水现象。

这里给你介绍的防冻水表的小作者，从“空气占据空间”实验中获得灵感，联想到用空气压走水表中的水，把自行车打气装置和病人用的输液器组装在水表里，从而发明了防冻水表。

这个防冻水表，用普通气筒轻轻打几下气，就可使一部分空气从气门芯压走水表底部的水，一部分空气通过“输液静脉计”压走水表磁面和表面玻璃之间的水，达到防冻的目的。经过专家鉴定，具有防冻效果，且不影响水表的计量精度，具备一定的现实意义，方便实用。

蚊香点燃器

如图所示的蚊香点燃器，上层是金属有孔安全盖，蚊香的烟气可以从孔中发散出来；中层设有金属燃烧网，可点燃任意长短的蚊香，网下设拉线打火机，一拉即可点火，非常方便；最下层是蚊香灰存放盒，设有出灰口，清洁，卫生，安全。

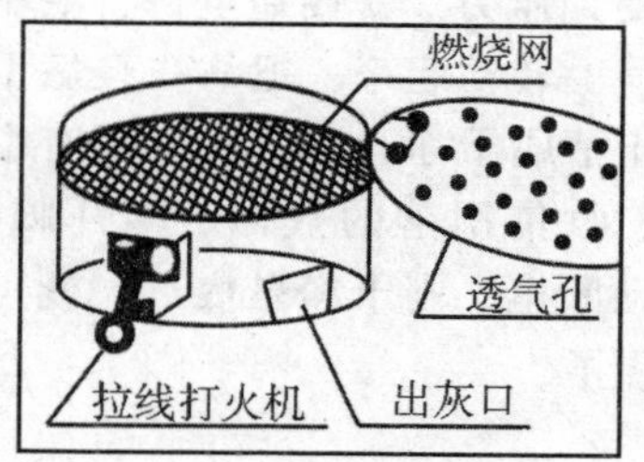

履带式音乐滑梯

这里介绍的履带式音乐滑梯的小作者很喜欢玩滑梯，他在玩滑梯时间长一点的时候就会觉得屁股烫烫的，裤子也经常磨破，而且他觉得有小孩从滑梯下端往上爬，很危险！于是他就想设计出一种能克服这些缺点的滑梯。

他参考跑步机的样子，设计了履带式滑梯。它运用履带结构，把外面的带子作为梯面，中间的轮轴做支撑架。小孩如果滑下来，履带会绕着轮轴转，这样就减少了摩擦

力。而且履带式滑梯是无法从下往上爬的，如图所示。

为了再给滑梯增加一点趣味，小作者模拟“打击音乐琴”，在轮轴中装上长短大小不同的钢片，再放进一个小铁球。人在滑下去时，履带带动轮轴，轮轴里的小铁球就活动起来，撞在钢片上，发出叮叮咚咚的声音！

立体时钟

这里介绍的立体时钟的基本设计思路是这样的：用石英钟机芯的时针轴带动地球仪转动。把地球仪赤道 24 等分，代表 24 小时。地球仪

下端固定指示时间的指针，指针下增设了世界时区盘。利用石英钟机

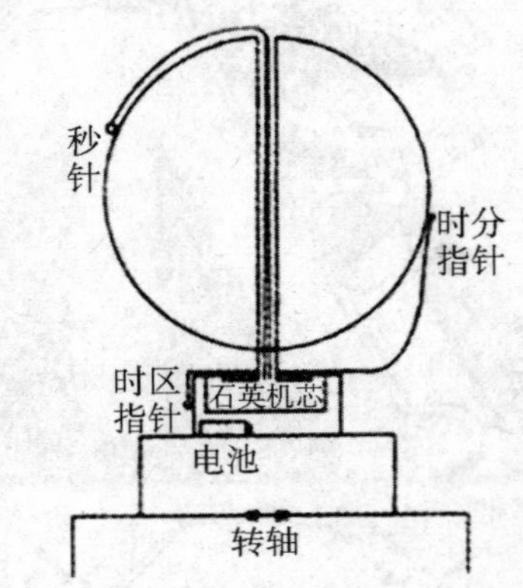

芯的秒针轴连接秒针，用于增加动感。

如图所示，地球仪中的轴与石英钟机芯的时针轴连接，带动地球仪转动。因为地球仪转得慢，很难看出它在转动，所以，把石英钟机芯的秒针轴加上，装上一颗卫星似的秒针，围着地球仪运转。在地球仪赤道上贴24等分纸条，代表24小时。底座上贴着时区盘，分为西12区、东11区和中时区。时区盘上固定着可以360°旋转的时针，用于指示时间。

鞋底清洁机

目前许多家庭的居室地上都铺设了整洁美观的拼木地板或地砖，对清洁卫生的要求很高，进出房间都需要换拖鞋。这给客人带来了不少麻烦，而且公用拖鞋让很多人轮流穿也不卫生，有了这里介绍的小发明“鞋底清洁机”，就不存在什么问题了。

鞋底清洁机是一个放在房门口的长方形刷鞋箱，它的主要功能部件是两根布满刷毛的转轴，用一个电动机带动。进门前，轮流把双脚轻轻踏在清洁机的格栅上，微动开关受到压力，就接通电源，毛刷转轴马上转动起来，把沾在鞋底上的沙土清刷干净。清洗机下部有个抽屉，收集刷落的灰沙。移开脚时，自动断电。刷干净鞋底后，就可以进屋了。

感应水瓶

“感应水瓶”这个作品的灵感，其实就源于生活。小作者在用气压水瓶倒水时，想到日常使的普通水瓶容易烫伤人，而气压水瓶虽然改进了一步，可盲人和儿童用起来仍有可能烫伤。如果将宾馆的“感应门”原理运用到水瓶出口上，设计成将杯子放到出水口下面，能使水瓶自动出水，那就更方便了。他通过查阅资料了解到感应门有两种：一种是红外线的，一种是地毯式的。可是红外线用到水瓶上，瓶口就关不住了。于是，他选择了地毯式感

应门的原理：人踩到地毯上，通过电线传播信号，门自动打开。

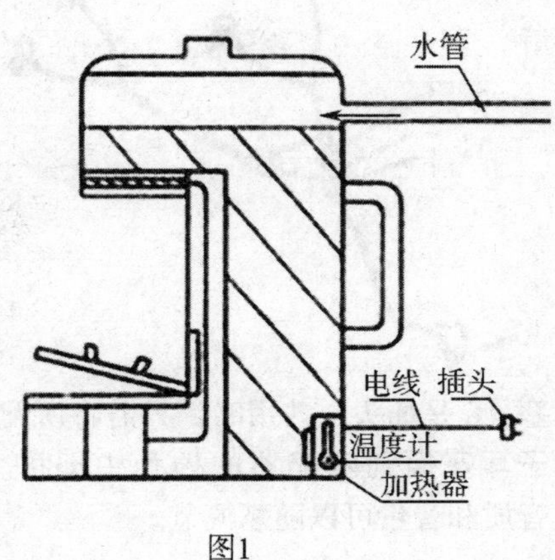

图1

经过反复试验和修改，小作者终于把这种感应方式用到了水瓶出口上：首先，拧开水龙头，水从水管里流入水瓶，将插头插入插座，加热器开始给水加热。当温度计上的温度达到100℃，加热器停止加热(见图1)。

盲人摸到塑料片上的凸凹槽，将重20克、盛水量200克的玻璃杯对准凸凹槽放在塑料片上，杯口正好对准出水口。塑料片碰到感应片，感应片通过电线将信号传到出水口，使不锈钢片打开，水流了出来。

电子秤同时记住了杯子的重量(20克)(见图2)。杯子中的水达到180克时（大半杯)，电子秤上的重量为200克。电子秤便通过感应片发出信号，塑料片借助旁边的口子

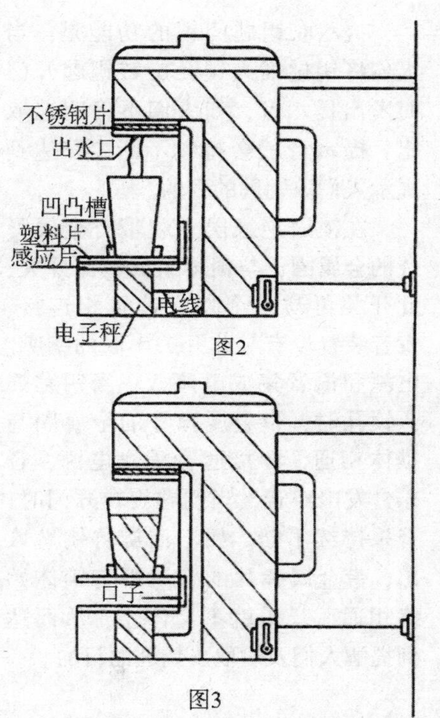

图2

图3

往上升，感应片感觉不到了，便停止发信号，不锈钢片自动合上。这时，取下杯子即可（见图3)。

提示取钥匙的门锁

钥匙在人们生活中发挥着非常重要的作用。丢失钥匙将会造成生活上的不方便，甚至是人身和财产的损害。丢失钥匙的原因有很多，其中人们在开门后忘记了取插在门锁上的钥匙是原因之一。为了避免因开门后忘记取钥匙而造成损失，这里介绍一个能提示取钥匙的门锁。

提示取钥匙门锁的功能是：当人们将钥匙插入锁孔旋转钥匙开门时发出提示音，如人们不将钥匙取出，提示音就会持续不断，以达到提示人们取钥匙的目的。

在锁面绝缘层上装带有金属弹片的金属圈，与锁体组成电源开关，此开关再与一个发音装置相连接。发音装置设有与此开关串联的喇叭、电源和语音集成电路板。当钥匙插入锁孔时，带金属弹片的金属圈与锁体相通，即接通音乐盒电源，音乐盒发出声音，当钥匙旋转开门时，音乐持续不断。如不回旋将钥匙取出，带金属弹片的金属圈与锁体始终相通，音乐就不会停止，从而达到提醒人们及时取出钥匙的目的。

可共用耳塞

现在用的耳塞只能供一个人使用，而很多情况下耳塞也需要共用。比如，三口之家，到了夜晚，孩子做作业，父母要看电视节目，只能戴上耳塞，以免影响孩子。此时，使用现在的耳塞，只能一个人欣赏。

可共用耳塞较好地解决了这类问题。使用该耳塞，两人或多人在不影响周围人的前提下，可欣赏电视、收听音乐、上网等，如图所示。1 是插孔，2 是匹配器，3 是音量和音质调谐器，4 是耳塞，5 是子耳塞，6 是插头。共用时，只需将所配子耳塞插到匹配器的插孔中即可。音质和音量可以随意调节。

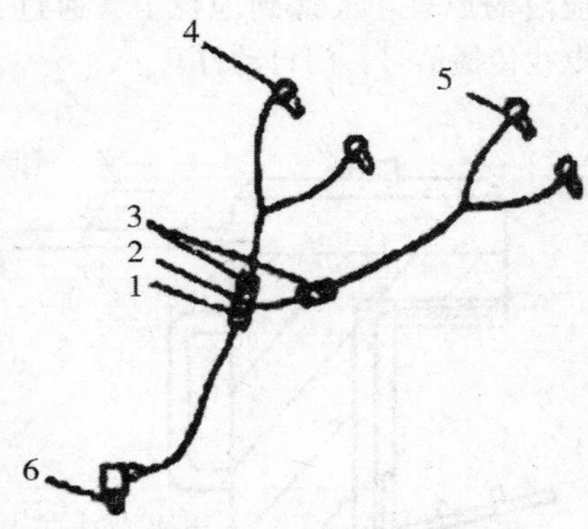

误踩油门制动装置

发生车辆交通事故前的一瞬间，司机往往心急如焚，他们踩刹车时一般都会特别用力；更有不少司机情急之下来不及反应地把油门误当刹车踩，结果加剧了事故的严重程度。

这里介绍一个把汽车安全带卷挪用到了油门上的"误踩油门制动装置"，在油门踩板底下安装有两个相连的齿轮；下方右侧拉着一条长弹簧、左侧是一个汽车安全带卷，长弹簧、安全带卷及油门踩板通过一根钢杠连为一体。

当司机以正常的力度踩油门时，弹簧收缩自如；当司机在遇到紧急情况、把油门当刹车猛踩时，左侧的安全带卷会在最短的瞬间内紧绷，钢杠随之被牢牢地固定，进而油门踩板也被固定住，司机根本无法踩动油门。

打字电动读稿架

电脑打字员工作时随时要阅读底稿，但是把稿纸放在哪里一直是件麻烦事：挂在显示屏前会遮挡视线，放在旁边则需要不断摇晃脑袋两头看，既容易导致肩颈部劳累，眼睛也容易疲劳。这里介绍一个打字用的电动读稿架，可以解决这个问题。

这个读稿架由圆滚筒、座架、脚踏式开关和电动机等部件组成，它可以夹住一张 A4 稿纸，纸的上端插入圆滚筒的侧缝，滚筒能在电动机带动下将稿纸慢慢向上卷。使用时先把读稿架固定在电脑桌的显示屏前方，再把圆滚筒调整到高低合适、不遮挡显示屏的位置加以固定；上面有视线尺，可以帮助眼睛注视正在打的一行字，不会看错上下行。打完一行字后，踩下脚踏开关，电动机就会将稿纸卷上一行。

使用这种读稿架，手脚并用，减轻了电脑打字员的劳动强度，工作效率也明显提高。

瓶子清洗器

1. 伸缩式洗瓶器

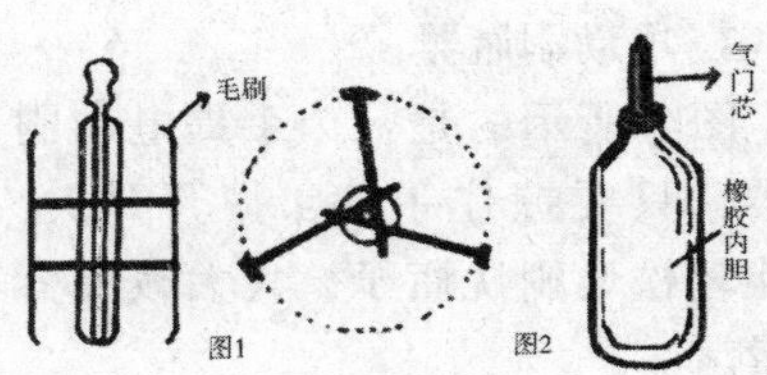

图1 图2

瓶子大小不一样，尤其是口小肚子大的瓶子，刷起来很不方便。

根据活动扳手的原理发明的伸缩式洗瓶器可以轻松这个问题，如图 1 所示。把清洗器塞进瓶内，逆时针扭动把手，就可以让洗瓶刷伸展开，顺时针转动把手，洗瓶刷就会收拢。

2. 充气式洗瓶器

对口小又深的瓶子，可以用充气式洗瓶器清洗，如图 2 所示。在搓澡巾内装进一个富有弹性的橡胶

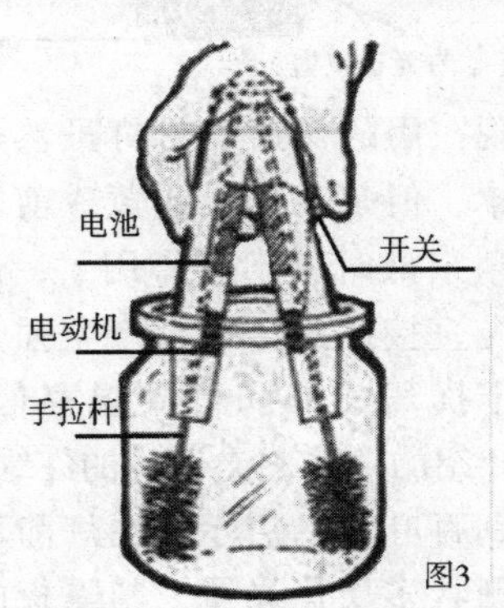

图3

内胆，这样就制成了一个充气式洗瓶器，把充气式洗瓶器放入口小又较深的瓶里，然后充入空气，很快就会装满了整个瓶子，只需用力一转，瓶内每个角落都能擦洗到。

3. 电动刷瓶器

图 3 所示的是一个手提电动刷瓶器，只要握住手柄，打开开关，就能轻松地刷洗瓶子，大大减轻劳动量。

防阳光干扰的红绿灯

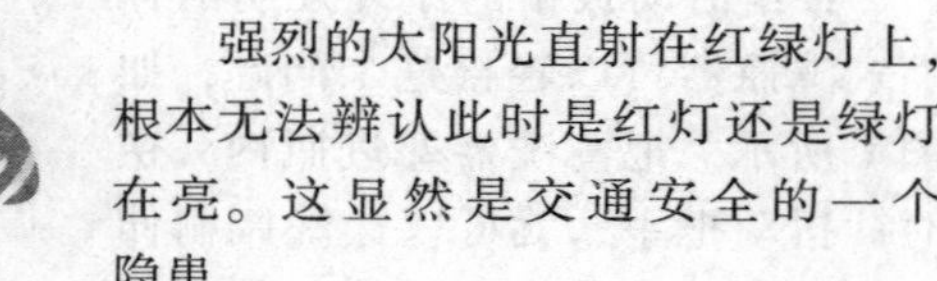

强烈的太阳光直射在红绿灯上，根本无法辨认此时是红灯还是绿灯在亮。这显然是交通安全的一个隐患。

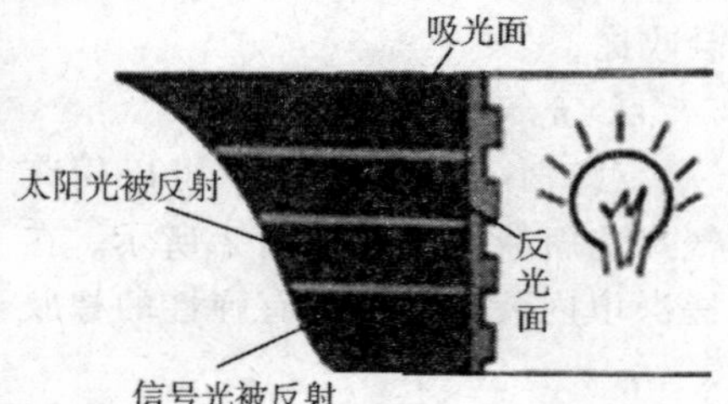

现在用的交通信号灯虽然也有遮光罩，但是在早晨或黄昏前阳光入射角很低时就不起作用了，这时太阳光直接照到灯面上产生强烈反光，干扰驾驶员和行人观察信号。这里介绍的“防阳光干扰的红绿灯”是受到百叶窗的启示，在灯前面装一个栅状多层遮光罩，其隔板的上表面涂上黑色吸光材料，下表面涂高反射率材料。这样一来，来自斜上方的阳光被隔板上表面吸收，信号灯不亮时呈黑色；灯一亮，光线除了直接照出去，还有一部分被隔板的下表面反射，驾驶员和行人很容易看清。

自行车车轮清洗器

自行车骑一两个星期就会沾上一层灰，需要擦洗一番。车身、把手还算容易擦洗，最麻烦的是把车轮弄干净。车轮的钢圈、纵横交叉的辐条，很难擦洗，如果用高压水流喷，会浪费大量清水。这里介绍一个重量轻、符合环保要求的车轮清洗器，它用铝合金片、塑料板、海绵组装而成。把它固定在挡泥板与刹车边上，只要转动车轮，就能带动清洗器一起转动，用截面为齿轮形的海绵柱对车轮辐条、钢圈进行擦洗。

对清洗器结构稍作调整，还能适合不同尺寸的自行车轮。海绵柱使用一段时间后，可以更换。

旋转视力表

在普通的视力表上，符号的位置是固定的。这样容易有人靠背出各个符号而导致视力检查结果不可靠。可转动的视力表的发明可以有效防止这种漏洞。

如图，这个视力表结构是把视力表安装在一个可转动的内轴上。外面罩上不透明的固定外壳，外壳

上开有小窗。转动内轴，外壳的窗口上就会出现随时变化的视力检查符号。用这样的视力表检查视力，很难作弊，结果就比较可靠了。

沙漠保鲜箱

沙漠保鲜箱主要用于昼夜温差较大的沙漠地区。用时只需将它放在室外有阳光的地方，让门对着东方即可。它利用太阳能工作，不需用电，而且无污染、无噪声。整个保鲜箱外壳用不锈钢材料做成，坚固，美观，耐用。

循环制冷系统分为：沸石箱（共2个）、散热器、制冷水箱，三者之间通过管道连接，整个制冷系统完全密封，并抽成接近真空。沸石箱外壳为不锈钢金属材料，内装沸石。管道及散热器均由铁管制成，制冷水箱内装有水和硝酸铵。白天高温使水以水蒸气的状态从沸石中脱出，经冷凝管散热后冷凝为水流入水箱（水箱在保鲜箱的内部），硝酸铵溶解制冷，同时降低蒸气压，加速沸石中水分脱出。夜晚，制冷水箱内的水分蒸发吸收热量制冷，同时晶体从水中析出。在以上过程中实现了水的循环，并在水循环过程中制冷。

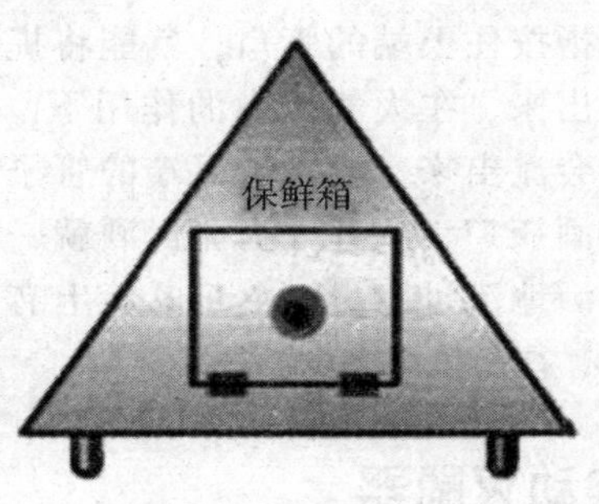

保温箱在金字塔外壳内部，底部为制冷系统的水箱。为充分利用空间，保温箱制成正棱台形，内盛蔬菜等食品。除底部外，保温箱外壳采用泡沫塑料绝热以保温。除气保水系统为几个分别装有活性炭、高锰酸钾、铁粉的装置，用于除臭保水、除乙烯、除氧。

气压式酒提

从酒坛子里打酒，一般都用酒提子。如果手抖动、摇晃，就会有

酒洒出。要把提子里的酒灌入小口酒瓶，又非得请漏斗帮忙不可。这里介绍一种新颖的气压式酒提子，把麻烦的打酒、灌酒过程变得很轻松。

气压式酒提是一个两端密封的圆柱形透明塑料筒，在它的两端面当中都接上一根管子，塑料筒上有容积刻度。使用时，只要将酒提子浸入酒坛中，酒液经提子下端的管子进入筒内。酒灌满提子后，用大拇指按住上端的管口，就能将提子提出来。在大气压力的作用下，酒不会流出来。把提子下端的管子插进酒瓶口，放开大拇指，酒就一滴不洒地流进瓶里。由于圆筒上有刻度，往瓶里灌多少酒都能控制。

自动灭鼠器

这里介绍一个把杠杆原理和电子电路知识结合在一起的自动灭鼠器。

这个灭鼠器是这样工作的：当老鼠嗅到金属小篮子里的诱饵香味后，就爬到斜搁着的铁丝网板上，趴着小篮想品尝诱饵，挂着小篮的杠杆受力压下，后端的开关接触点接通，启动了电子升压电路，于是小篮和铁丝网板之间产生近万伏的瞬间高压，老鼠顿时被击毙或击晕，沿着斜面滚入盛水的筒里，再也逃

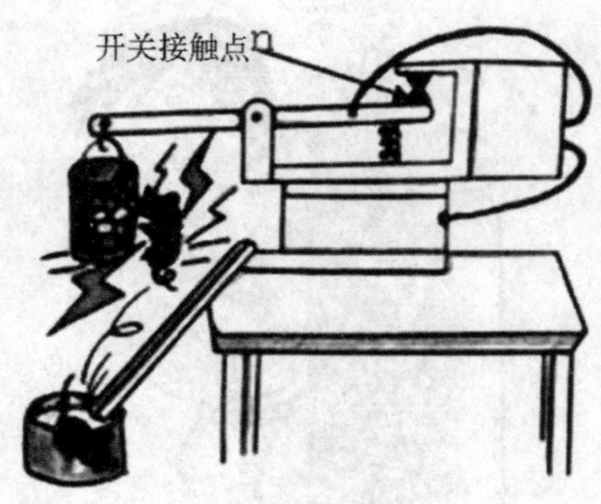

不出来了。

灭鼠器用 2 节电池供电，如果开关接触点不接通，电路就不工作，既不消耗电能，也不会电着人。

脚踏式拖把绞干器

脚踏式拖把绞干器，利用简单机械杠杆原理，用铁板做成。它以脚踏代替手拧的方法，把湿拖把绞干，达到了省力、卫生的目的（结

构如图所示)。

使用时,张开绞干器的咬合面,把拖把夹在两片铁板之间,手持拖把柄,用脚踏绞干器的踏板,利用杠杆原理和重力作用,咬合面即能自然合拢挤压拖把,拖把被挤干了。若在脚踏同时转动拖把柄,则更易绞干拖把。该作品制作简单,造价低,实用性强,适合在学校等集体场所使用。

多功能伞

伞是我们日常生活中最重要的工具之一。在瓢泼大雨中,最需要的是一把雨伞;在炎炎夏日中,最渴望的是一把遮阳伞。

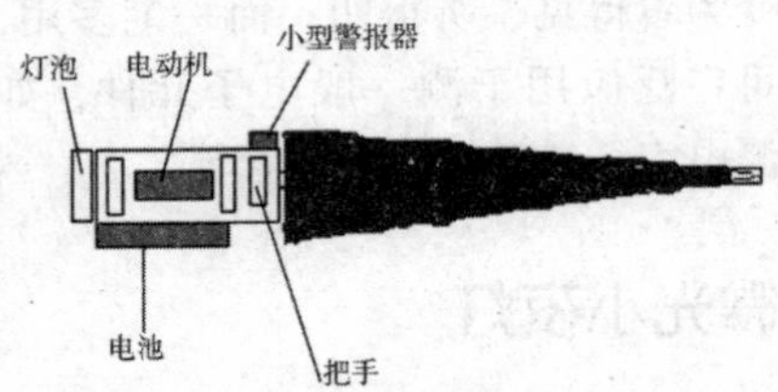

现在要介绍的小发明——多功能伞有防雨、防晒的功能。首先,在伞把的末端安了一个小灯泡,使它具有了手电的功能。其次,的伞把手表面有孔,内部是空心的,里面有一个小电动机。在天热时,长时间握着伞会很不舒服,电动机一转动起来,手心就会有一种清凉的感觉。此外,伞上还安装了一个小型警报器,对于老年人、残疾人和儿童,可在紧急情况下发挥作用。

手风琴内置麦克风

大多数乐器可以通过放置麦克风来采取声样并在舞台上现场扩音。然而手风琴的音频对于普通麦克风来说太高,容易使扩音的音律失真。

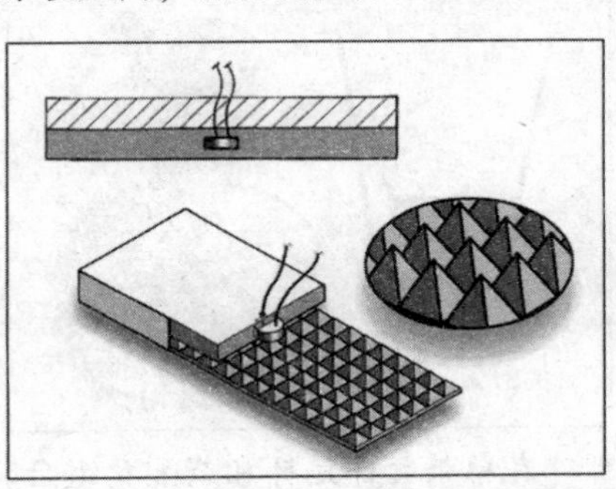

图中所示的手风琴内置麦克风可以有效地解决这一问题,它是把麦克风植入于一块覆盖着橡皮层的泡沫层之中,然后放置在手风琴金字塔尖的排钉架上,用胶带将钉架与泡沫橡皮层结合的边缘封闭起来,这样一来就在橡皮层和钉架之间形成一个密封的空间,有助于降低手风琴的高调,便于通过麦克风采取合适的声样。

花草茶套杯

长途旅行的人经常会冲泡花草

茶以作为提神的饮料。花草茶一般是由单独的茶包装着，喝之前先将花草茶茶包放置于塑料杯，然后冲上热开水。但是这种冲泡方法有两个明显的问题：第一，乘客不得不在喝茶之前找地方把茶杯里用过的茶包扔掉；第二，携带时需要把塑料杯和茶包单独隔离放置。

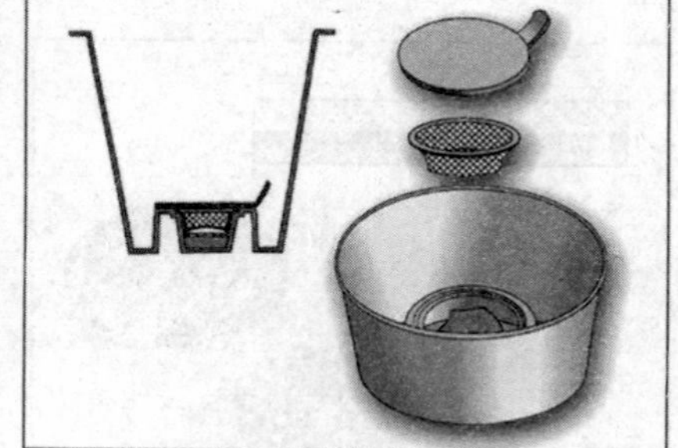

花草茶套杯是杯和茶配套组合。花草茶叶被放置于塑料杯底座中心的凸起槽中，由一张滤纸衬底的滤茶网盖在茶叶上面，并固定在槽沿上。一张标明花草茶种类品牌的标签将槽整个密封住，标签特意突出一小块以便于掀开然后开水冲泡。一旦花草茶喝完，便可以将整个塑料杯连同槽中的茶叶一并扔掉。

耳机电笔

一般的测电笔，在野外作用时因光线较强，如阳光照射，不能分辨零线与火线，为解决这一矛盾，变换思维方式，在普通电笔的发光显示基础上增加了耳机发声，在眼看的基础上，增加了耳听，变看得见为可以听得明，从而准确分辨零线与火线，并且能判断导线的通线及部分电子元件的好坏。

耳机电笔分辨零线时，把电线泄漏出的电信号放大，推动耳机发声，零线是感应电，故声音较小。分辨火线时，不用手触摸电笔后面的金属体，测火线发光较亮，发声较大，零线反之；用手摸后面金属体，火线声音增大很少，发光变暗，零线声音增大很多，发光变亮。

这个耳机电笔设计简易，制作简单，元件易取，携带方便，安全可靠，变光亮为发光、发声结合体，变为看得见、听得明，而一笔多用，可广泛应用于测一般电子元件，如测电容、二极管、三极管等。

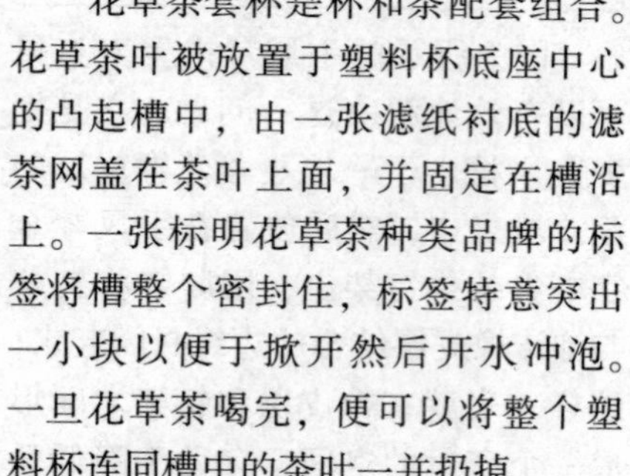

微光小夜灯

在夜间，强光会刺激人的大脑，产生兴奋，造成失眠，影响身体健康。制作微光小夜灯，夜晚休息无强光刺激，微微灯光下朦胧可见，别有一番情趣。

该小夜灯的电路原理如图 1 所示。采用电阻限流，使通过 LED 的电流限制在 20 毫安以内，D1 是为了防止 220 伏反相交流电压冲击使发

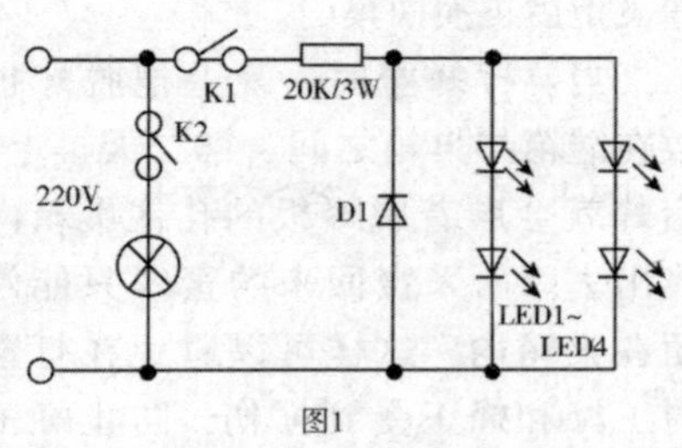

图1

光 LED 损坏。LED 为平面组合发光块，型号 OLB2600。

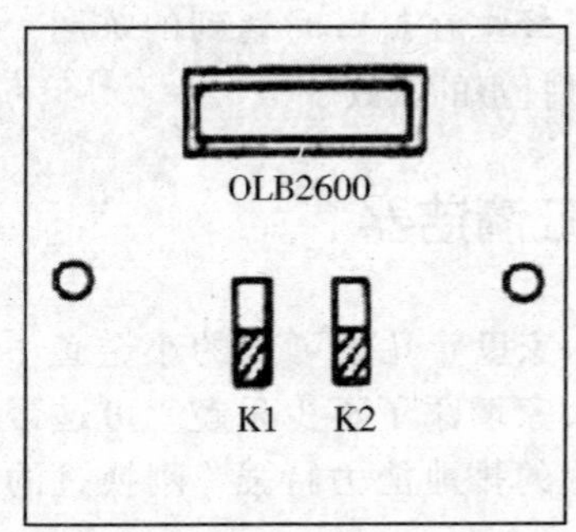

图2

外观尺寸如图 2 所示，内有 4 只高亮度发光二极管封装而成。购一市售带电源指示窗口的双开墙壁开关，如图 3 所示，把其指示窗口挫成 20 毫米 ×5 毫米的长方形再镶上平面发光块，用 502 胶粘牢后，按图 1 连线，使 K1 控制平面发光块亮灭，K2 控制原有电灯电路通段即可。

乒乓球捡集器

在体育室里练习打乒乓球的时候，总要多次弯腰一个个地捡球，

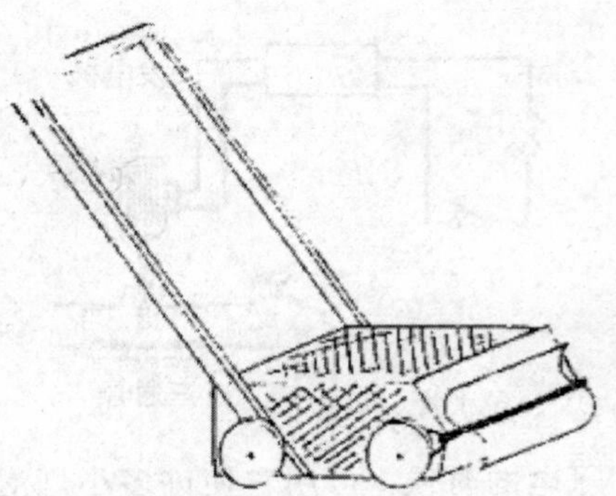

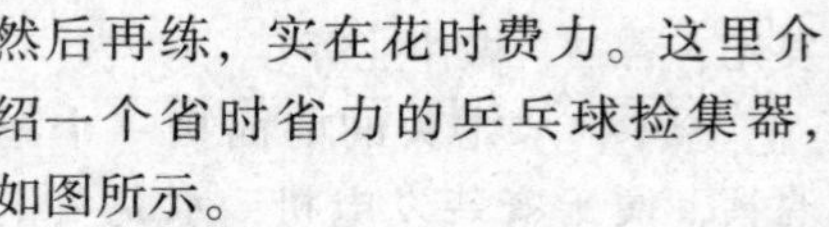

然后再练，实在花时费力。这里介绍一个省时省力的乒乓球捡集器，如图所示。

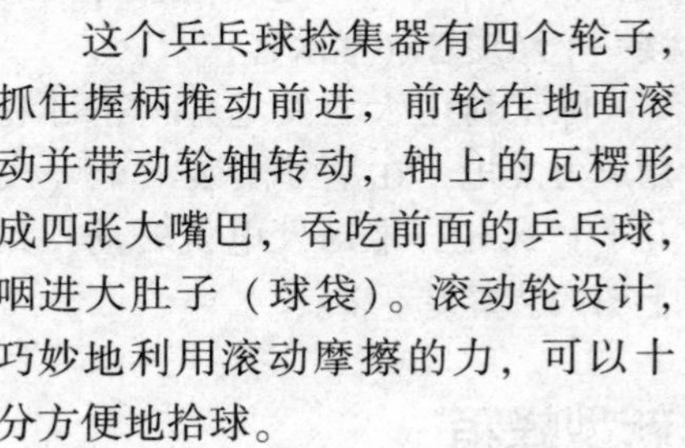

这个乒乓球捡集器有四个轮子，抓住握柄推动前进，前轮在地面滚动并带动轮轴转动，轴上的瓦楞形成四张大嘴巴，吞吃前面的乒乓球，咽进大肚子（球袋）。滚动轮设计，巧妙地利用滚动摩擦的力，可以十分方便地拾球。

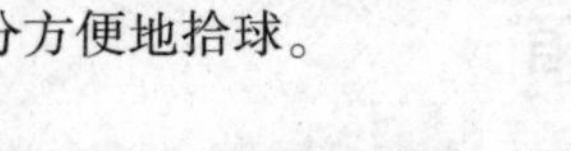

家用节能发电器

流水是具有力量的，可用来发电，每天，我们家里都要用大量水，水从水龙头里高速地冲出来，仅用来冲洗一些东西，这实在有些浪费。可不可以用来发电呢？完全可以。

如图所示的装置，只要打开水管，流水就可带动发电机发电，一天之中，家里洗菜、洗衣等，要用很多水，发电机就可产生许多电，把电用蓄电池储存起来，到晚上停

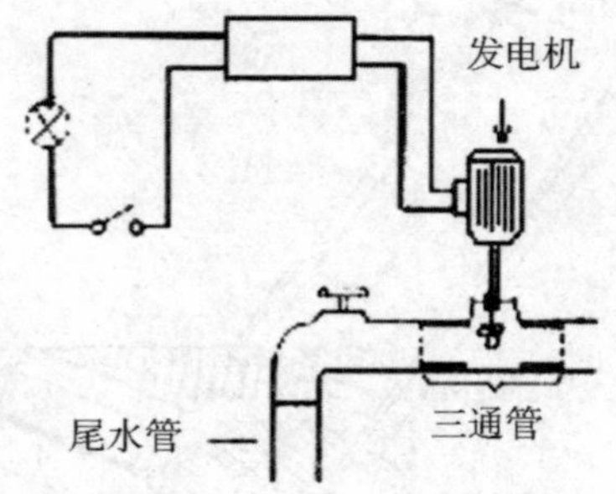

了电的时候，可用它使许多小灯泡发光、看书、做作业等。

图中，水龙头的前面接一个三通管，便于安装发电机，水龙头上接一个橡皮管（尾水管）。

除了利用水力发电外，还可利用风力发电，在室外安装一个（或几个）风轮，带动发电机转动，和上图的装置差不多。

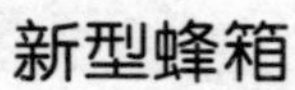

新型蜂箱

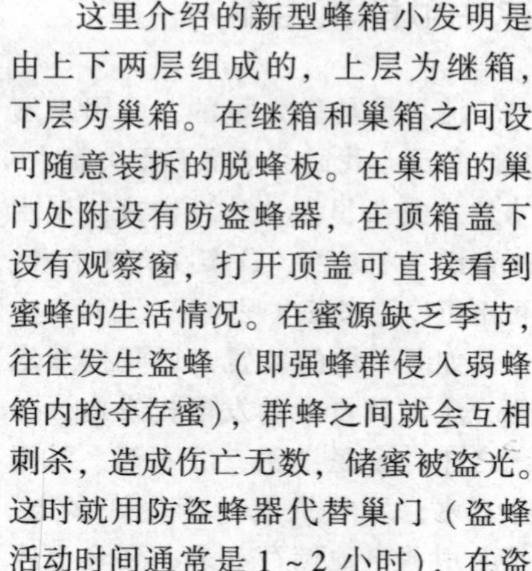

这里介绍的新型蜂箱小发明是由上下两层组成的，上层为继箱，下层为巢箱。在继箱和巢箱之间设可随意装拆的脱蜂板。在巢箱的巢门处附设有防盗蜂器，在顶箱盖下设有观察窗，打开顶盖可直接看到蜜蜂的生活情况。在蜜源缺乏季节，往往发生盗蜂（即强蜂群侵入弱蜂箱内抢夺存蜜），群蜂之间就会互相刺杀，造成伤亡无数，储蜜被盗光。这时就用防盗蜂器代替巢门（盗蜂活动时间通常是 1 ~ 2 小时），在盗蜂飞走后再换回巢门。

当要打蜂蜜时，晚上把脱蜂板放在继箱与巢箱之间。第二天早上，蜜蜂就会顺着脱蜂板的孔往巢箱内飞出去。而采蜜回来的蜜蜂只能停留在巢箱内，这样可以避免在打蜜时工峰和蜂王受到损伤，防止蜂王的走失和群蜂之间因打蜜糖而互相扼糖残杀及攻击人的现象发生，解决了蜂主在打蜜时遇到的难题，提高了打蜜的工效。

鱼缸清洁器

家里养几条可爱的小金鱼，会给大家增添了不少乐趣。可这帮小家伙的排泄能力特强，刚换过的清

水，不一会儿便被它们的粪便污染得很不雅观。这里介绍一个仿照两用气筒的原理，设计制作的鱼缸清洁器。

鱼缸清洁器是这样工作的：将

清洁器插入鱼缸中，拉活塞时，进水球阀被水顶开，而排水球阀被迫关闭，金鱼粪便随水一起抽入筒内；推活塞时，筒内压强大、筒外压强小，进水球阀被迫关闭、排水球阀被顶开，水经过滤网压回鱼缸，而污物被过滤网过滤掉。这样经过几次推拉，鱼缸内的粪便就被清除了。

鱼缸清洁器简捷实用、效果良好。材料可因地制宜，尺寸则依据鱼缸的大小而定。但制作时必须注意两点：一、球阀与阀门、活塞与抽水筒要密闭好，否则水会抽不进来。二、球阀不可太重，太重了它可能不听话，难以自动关闭或打开阀门。

巧用废弃尿不湿

尿不湿如果任其自然降解，大约需要300年。其实，我们可以利用尿不湿的高吸水性——聚丙烯酸类树脂能吸收超过自重数百倍的水分，有贮存水（涵养水源）的功能，把尿不湿粉碎，按质量比1∶200与土壤混合，可使土壤疏松长时保持湿润。用于栽培花木棚园种植可以节水50%，环保化害为利。

防滴水雨伞

现在的雨伞的不足是：伞上有滞流的雨水，当进入室内时，水会从伞上滴落下来，弄脏或弄湿地毯或清洁的地面，例如上超市只能把伞放在门口寄存，费事费时。为了克服上述的不足可以对雨伞进行改进：

在伞杆顶端安装上一个能盛收伞后倒流滴下雨水的小桶（棒棒冰上的）。滴下雨水的体积（最多时）是小桶容积的3/4，小桶底部固定在伞杆上，小桶上部用支撑架固定防止松动，并起美观作用，这样雨水就会滴入小桶中，当再次使用时，先向下撑开伞，再扬起来，小桶中的水则从伞面流下，也不会洒在人身上，如果长时间不用，水会自然蒸发。

Ⅱ

声警电磁波面仪

在生物科技活动中，经常会出现水槽或鱼缸中的水位已经降到威胁动物的生命了，人们却未发觉的情况。为了解决这个问题，可以设计一个水位监视器。考虑到吊在水中的物体会因其浸水深浅有不同的浮力，而小提琴的弦绷紧了会发出更高声音；金属导线切割磁力线就会产生电流等。把这些原理结合起来，制成声警电磁波面仪装置。

材料和方法

准备2块小磁铁、细铜丝、小药瓶、废旧收音机喇叭等材料。

安装2块小磁铁，缝隙为1毫米，将细铜丝吊装在缝隙为1毫米宽的磁铁的N和S板之间。铜丝底端接一小段丝线，将配重小药瓶吊装在丝线下。细铜丝上接入一个电子放大器，接上喇叭。最后，测试调整仪器。

这个装置可用作河流、水库、鱼塘、工业水池或家用鱼缸中水位监视仪器。当水变浅水位下降时，吊丝随之绷紧。铜丝在永久磁铁的N和S极之间振动并切割磁力线就会产生电流。把这一弱电流放大后送到扩大器，就可听到声音。另一部分反馈回细铜丝以维持其振动。水面越下降，吊丝绷得越紧，扩音器发出的声音频率越高，人们听到的声音就越尖锐，从而达到报警的目的。

家用地震报警器

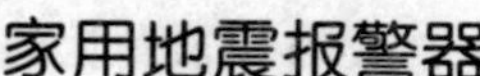

地震是地球上最大的自然灾害之一，每年给人们造成的损失不可估量，大地震往往发生在夜晚，使人难于防范。现介绍一种小发明——家用地震报警器，当发生地震时，它能及时唤醒人们迅速转移，马上脱离危险地带，可有效减少人身伤亡。该地震报警器线路简单，制作容易，成本低，声音响亮，平时不耗电，且地震停止后能自动停止报警。

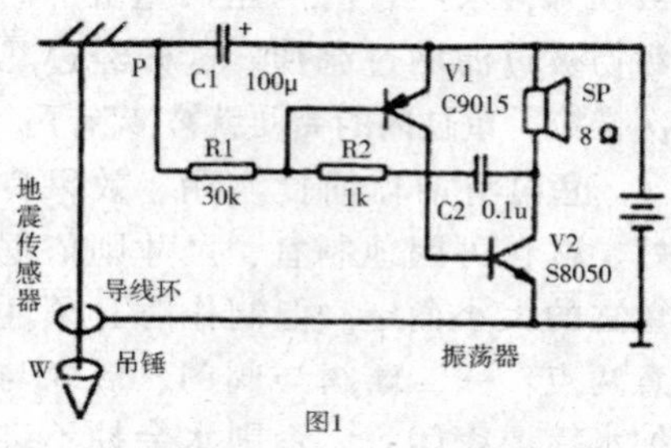

图1

工作原理：如图所示，图1为电路图，图2为线路板。整个电路由传感器和振荡器组成。

传感器由一吊锤和一个导线环组成，吊锤用导线吊挂在固定的导线环中，当发生地震时，吊锤左右摆动，与导线环相碰，使电路对电容器C1充电，振荡器开始振荡，喇叭发出报警声。

振荡器由R1、R2、C2、V1、V2等组成，R1左端P点接电源负极，电路即开始振荡，P点电压愈低振荡频率愈高，P点电压愈高振荡频率愈低。当发生地震时，吊锤W左右摆动，与导线环左右相碰，每碰一次，电路对C1充一次电，刚充满电时，P点电压最低，振荡频率最高，随着电路的振荡，C1逐渐放电，P点电压逐渐升高，振荡频率也随之

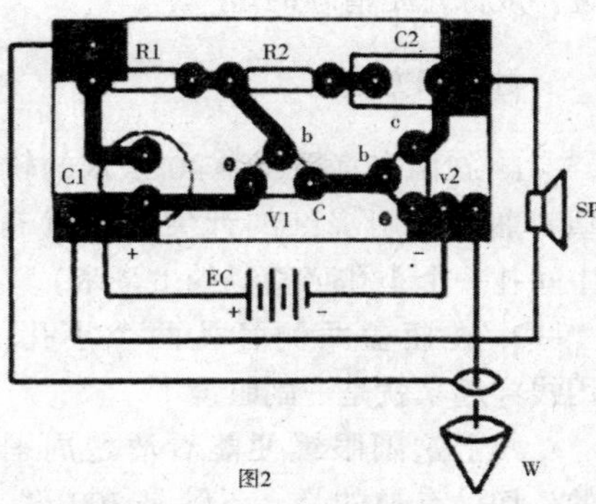

图2

下降。故吊锤与环不断左右相碰，喇叭便会发出一次“嘀……呜……”的响声。地震时吊锤与环不断左右相碰，喇叭一直发出“嘀……呜……嘀……呜……”的报警声，声音响亮。地震波过后，吊锤摆幅减小，不再与导线环相碰，当C1放完电时，振荡器停止振荡，地震报警器自动停止报警。

材料和方法

V1选用C9012或C9015等PNP型三极管，β≥80；V2选用C9013或S8050等NPN型中功率管，β≥80。其他元件按图中数值即可。吊锤用线与导线环应选用导电性能好，不易生锈的材料，如选用镀银铜线。吊线用细导线，以便吊锤能自由摆动，锤用稍重一点儿的圆形金属物体，环应选用粗一点儿的导线制作，如用φ1毫米左右的镀银铜线，一端固定，另一端圈一个环，套住吊线。

只要元件无误，连线正确，电路安装好即可正常工作。传感器的固定与调整应注意，传感器应安装牢固，且置于不易被风吹动，不易被人碰到的地方。传感器、线路板和电池要安装在木盒内。用钉子将木盒固定到墙上，再将吊锤与导线环安装在盒内适当位置，然后调整导线环与吊线的相对位置及环的大小，使吊线位于环的正中央，环越小灵敏度越高。喇叭固定在盒盖的内侧，传感器调好以后，接好连接线，用螺钉固定上盖子即可。

简易针形电热切割器

电烙铁如果坏了就不能再能作为焊接工具了，只好扔掉。其实，把用坏了的50瓦电烙铁改制成简易针形电热切割器，是个做其他小制作不可多得的好工具呢！

材料和方法

1. 把断了焊头的50瓦电烙铁套管用锉刀锉平，参照图示的样子。

2. 在正中间打个插针小孔，找一个大号缝衣针插入电烙铁瓷管壁并夹紧。缝衣针尖从电烙铁焊头套管针孔处穿出。

3. 电源插头安上防触电垫片。

使用时，接通电源，几分钟后热量传到大缝衣针上．就能随意切

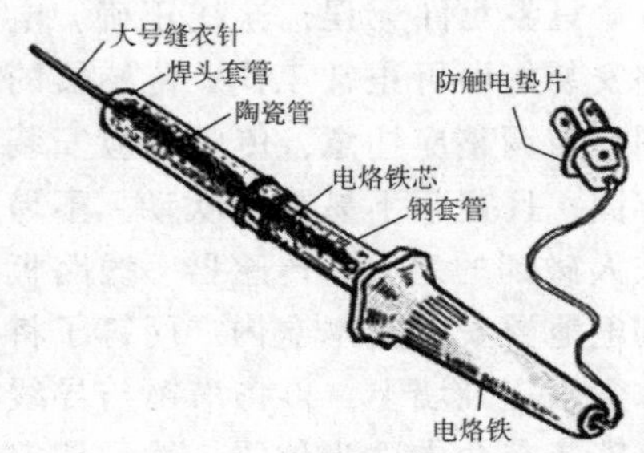

割0.5厘米厚泡沫塑料板上的字或图案。

这个简易针形电热切割器既可以作为教学用具，也可以作为美工人员切割泡沫塑料的工具。插头加了防触电垫片，使用安全；电源改用交流电，减少电池消耗，经济实用。如果进一步改进成自动控温型，采用导热均匀、硬度适中，长度在6.5厘米金属针或小刀片做切割头，便可切割5厘米以上厚度的泡沫塑料板，操作方便，工作效率更高。

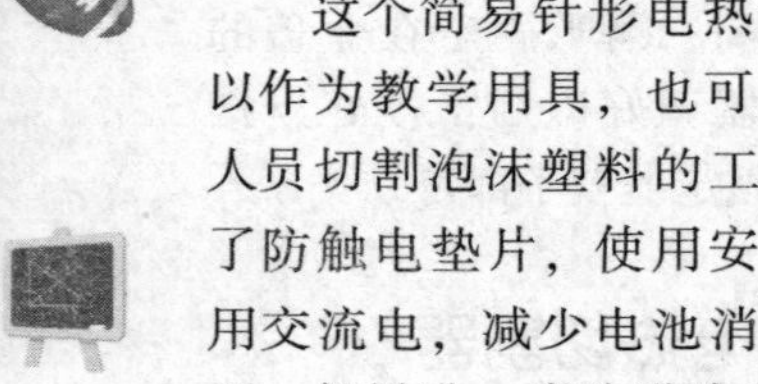

针孔眼镜

人眼的视网膜，就好像是个光屏，一般情况下近视眼的人，成像在光屏之前；远视眼的人，成像在光屏之后。成像不在光屏上，所以看不清楚。在这里教大家利用小孔成像原理做一个针孔眼睛，不管近视远视，都能在视网膜上成像了，从而看得清楚。所谓小孔成像原理，是当光线通过小孔后，不管光屏远近，成像总是清晰的。

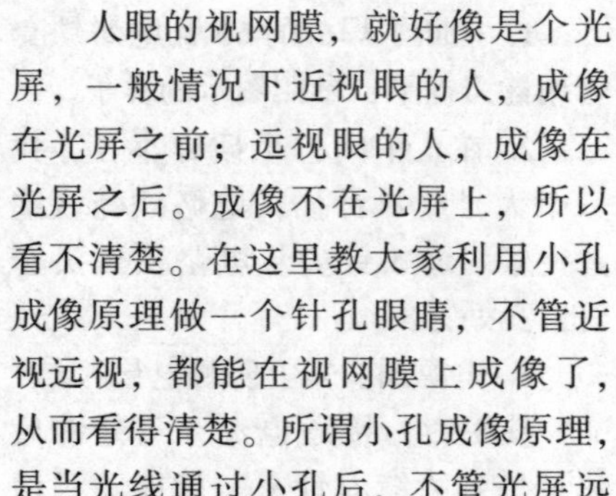

材料和方法

1. 找两个直径30～40毫米的软塑料瓶盖。用烧红的针尖，在瓶盖中间扎一个小孔（直径约1毫米）。

2. 在瓶盖两侧各扎两个小孔，用线穿起来就是一副眼镜了。

戴上这副眼镜便能看清楚周围的一切。有趣的是，不管是300度、500度的近视眼，还是远视眼，戴上它都能看清楚物体。

太阳能圆周飞机

这里教你制作的“太阳能圆周飞机”是以太阳能为能源，模拟飞机在空中环绕地球飞行。碰到阴雨天气，充电电池也能帮助它飞行。

材料和方法

1. 准备材料和工具：太阳能电池板和配套电机，可充电池，饮料瓶（圆底），塑料小盆子，细钢丝，圆珠笔芯，电线，锡纸，开关按钮，剪刀，尖头钳。

2. 按照图1将大饮料瓶颈部和半球形底部剪下来做模拟地球。

3. 按照图2在瓶颈以下部位四周剪成放射状，半球底部中央开个小圆孔。

4. 按照图3在电动机转轴上固

定一段圆珠笔芯，将细钢丝一端弯成直角形状，长的一端粘上用锡纸做的飞机，短的一端先插入饮料瓶底，然后插入电动机转轴上的笔芯。

5. 用导线将太阳能电池板、电机、可充电电池连接成开关电路，并装上开关。

6. 把电机塞进瓶颈内，放射状瓶颈下部用百得胶粘牢在底盘中央，将可充电电池和电线固定好，然后把半球形瓶底盖上。

7. 把两块电池板用百得胶粘在盆子两侧，形成两翼。

这样，一架太阳能飞机就做好了，把它放在太阳下或强烈灯光下，飞机会环绕“地球”不断地飞行，阴雨天气一按开关照常飞行。

磁悬浮车模型

磁悬浮列车是一种新颖的交通工具，上海浦东建设了世界上第一条实用型磁悬浮列车轨道。这里教你做一个磁悬浮车模型，更好地了解磁悬浮的原理，以及由于摩擦力小而飞速行驶的特点。这个模型是利用磁铁同极相斥的原理，使车模型悬浮，采用电动螺旋桨反推，使车模型前进。

材料和方法

1. 轨道：用五夹板锯一个直径50厘米圆盘，将塑料磁性条（五金店有购）用百得胶粘于圆盘四周作轨道（如图）。

2. 车模型：用木条、电动机等材料做成简易机车模型。

3. 悬浮方法：把机车模型放在圆盘的磁性轨道上，由于同极相斥原理，使模型悬浮在轨道上。

4. 悬浮限位方法：用长约25厘米的木条，一端钻孔插在圆心轴上，另一端粘牢磁悬浮车模型，使模型限位于圆盘轨道上方并悬浮着。先用手拨动测试，要求磁悬浮车能绕圆心轻松地运动。

5. 动力：在小电动机上装一只

塑料螺旋桨，电动螺旋桨旋转产生动力。

6. 电源为外接型——用2节五号电池作电源（其中1节电源用于前进动力，另1节用于后退）。用一只双向闸刀做开关，控制车辆前进和后退。

使用时，打开开关，就能看到模型在轨道上悬浮着，飞速地作前进或后退运动。

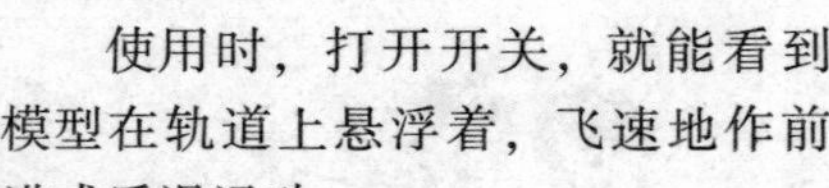

不用电的微型吸尘器

家里的床单、沙发上常会有各种皮屑灰尘，只能扫到地面上，再用吸尘器清理干净。这样比较麻烦。这里给你介绍一个不用电、结构简单的微型吸尘器，可以解决这个问题。试试，给妈妈减轻一些家务负担。

材料和方法

1. 准备材料和工具：旧肥皂盒1只（有盖的比较结实的长方形塑料盒或小木盒也可以），洗刷瓶子的长圆形刷子1只，旧的塑料瓶内盖2只（直径不能大于毛刷子）或旧的日光灯起电器外壳2只，钻子1只，刻刀1把，钳子1把，小螺丝起子1把。

2. 在旧的肥皂盒底，照刷子的长度、宽度，用刻刀在盒子底部中央挖一个长方形的孔。

3. 留取刷子有毛部分长约4.5厘米（比长方形孔略短些）。两端各留1厘米铁丝，把多余部分剪去。

4. 将刷子装在肥皂盒内，两端弯折，将刷子装好。要使刷子能灵活转动使刷毛有一部分露出盒底。

5. 把盒盖盖上，这样就把简易而不用电的吸尘器做好了。

使用时，用这盒子平放在床单上、沙发上来回摩擦，凡是脏物多的地方多擦几次即可。刷后把盒子翻过来敲几下，然后把盒底取下，脏物就留在盒盖内了。这样家里就不再因为掸床单、刷沙发而使尘灰四扬，能保持室内空间、地面的整洁。

高处瓜果剪接器

葡萄、南瓜、丝瓜等攀爬类植物的果实挂在空中、墙上，农民采摘它们比较辛苦。而制作一个高处瓜果剪接器就能够轻松完成这项任务了。

材料和方法

1. 准备材料：长竹竿、剪刀、筷子、铁丝、绳子、尼龙袋。

2. 将剪刀固定在竹竿顶端。

3. 将筷子固定在剪刀下方约5厘米处，顶端橡皮筋与一个剪刀把相连。

4. 绑在左边剪刀把的绳子（因

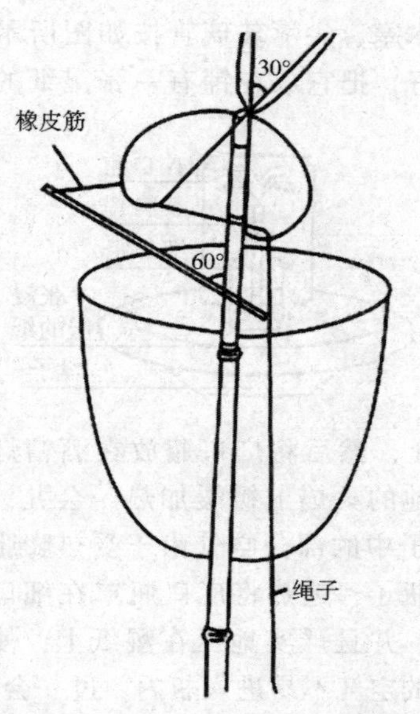

此处摩擦，可采用耐磨的细钢丝绳代替普通绳）穿过右边剪刀把。

5. 在离剪刀下方不超过30厘米处的竹竿节上面固定尼龙袋，可以随意扭动，以接住下落的果实。

使用时，往下拉绳子，剪刀口闭合后又会自动张开，使用非常方便。它还可以用于修剪高处的树枝。如果加以改进，它还有其他功能。例如，在手持竹竿处上方加一个可以扭动的平面镜，随时注意剪动树枝的位置，就可以避免仰头剪接瓜果时，异物落入眼睛。

自制潜望镜

潜望镜的用途很广，在步兵的战壕里观察前方的战况以及在坦克的驾驶室及炮长的瞄准镜都用到了潜望镜。这里教你制作简单的潜望镜，帮助你了解光的反射现象以及光路设计原理。

材料和方法

1. 准备材料：尺子、纸和镜子、量角器。

2. 先量好镜子的尺寸，然后用卡纸制作一个长方形的纸筒。

3. 用量角器量出45°角，然后用笔画下记号。

4. 将镜子固定在45°角位置，并把卡纸筒贴合好。

潜望镜已基本完成，现在把它拿到桌子下，便可潜望上方的情况。潜望镜的原理是光线沿直线来传播的，利用两面平行的镜子产生两次反射，使光线发生了转折，于是，我们便可以在低处看到高处的景物了。

制作防毒面具

早期的防毒面具，结构很简单，最早是在第一次世界大战中开始使用的。我们自己也可以做。这里教你一个用可乐瓶发明的防毒面具。

材料和方法

1. 准备材料：小可乐瓶1个，

木炭20克，小海绵1块，橡皮筋2根，剪刀、锥子等工具。

2. 用剪刀把可乐瓶靠底部1/3处剪下来，剪时左右各留一小“耳朵”，打眼，穿上橡皮筋。

3. 把可乐瓶底座剥去，用锥子在瓶底扎无数个小眼。

4. 把木炭装入可乐瓶底圆筒内，用海绵剪一个比圆筒大一些的圆，塞在圆筒里作内盖。

这个防毒面具就做好了，你可以把它送给农民在喷洒农药时用，或送给生产搬运有毒有粉尘物质的工人用。

美丽的喷泉

当你节假日在公园里或街心绿地见到美丽的喷泉时，一定会使你流连忘返。如果你发明一个小小的美丽喷泉，定会使你增添美的感受和学习的兴趣。

材料和方法

先准备好1个盘子，1个广口瓶（可用罐头瓶或果酱瓶），1个小细口瓶（可用细口药瓶）。用软木塞塞在细口瓶上，将一个尖嘴细玻璃管（可用喝汽水的吸管）插入软木塞中，再给细口瓶中装入约3/4体积带有红颜色的水。

准备工作做好以后，将细口瓶、软木塞、尖嘴玻璃管按如图所示安装好，把它放在铺有一张湿纸的盘子上。

然后将广口瓶放在酒精灯或其他的火焰上缓缓加热一会儿，使瓶子中的部分空气由于受热膨胀跑出瓶子，趁热将广口瓶罩在细口瓶上，并且严实地压在湿纸上，使外面的空气不易进入瓶内。过一会儿，我们就会发现从玻璃管口自动喷出水来，形成美丽的红色小喷泉。

这个喷泉的原理是：广口瓶内的空气由于变热膨胀跑出了瓶子，瓶内的空气减少，压力变小。但是细口瓶里的压力却与原来一样，这样两个瓶里的压力差，就使水从压力较大的细口瓶通过玻璃管喷到压力小的广口瓶中去了，直到两个瓶中的压力接近平衡为止。

带降火箭模型

当初发明带降火箭的人已经无法考证，不过这么久的发展，带降火箭已经是航天模型中最为简便的竞赛项目。这里介绍一个用礼品包

装带为主要材料制作的带降火箭模型。

材料和方法

1. 准备材料：薄膜、细线、竹丝以及少许 1 毫米 ×1 毫米橡筋条、橡皮胶、双面胶带、涤纶胶带、白胶及 502 胶。

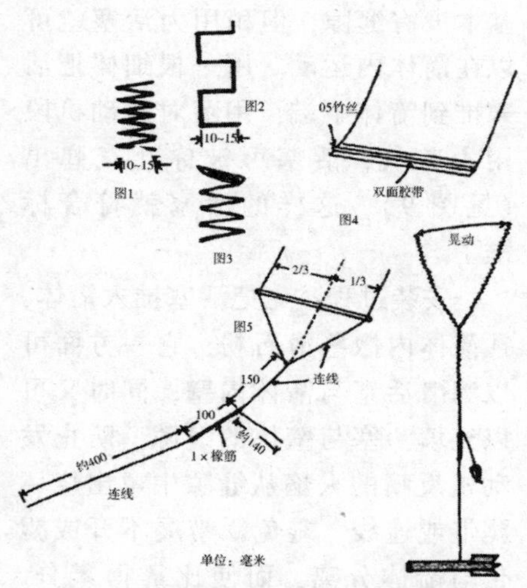

2. 选择飘带：飘带材料应选择重量轻又有一定硬度的材料，通常可以选用礼品包装纸。飘带尺寸通常宽度为 90 ~ 110 毫米，长度为900 ~ 1200 毫米。把包装纸按尺寸裁好。如长度不够可用双面胶连接。

3. 折叠飘带：影响飘带效率的除了飘带尺寸以外，折叠方法也至关重要。常用的折叠方法有几种：①对折（见图 1）；②“长城”（见图 2）；③根部对折，端部圈折（图 3）；④其他组合折叠法，如对折加“长城”、“长城”加圈折等。也可以自己创造，目的是要达到下降时阻力大，从姿态上要达到下降时下端（根部）平稳而上端要能动。

折叠时最好用硬卡纸做两片样板尺，沿着样板尺折叠，由两片样板尺的移动来完成全部折叠过程，这样可以保证折叠宽度均匀，增加折叠速度。飘带折叠后，每一条折缝一定要用熨斗熨过，使折缝坚挺有弹性，用来增加飘带下降时的阻力。然后再用橡皮胶布包一圈，它的作用是增加连线与橡筋的连接强度，同时不使节间有突出部分，避免缠住连线其他部分的事故。

4. 选用一根长度比飘带宽度长 3 毫米、直径 0.5 毫米的竹丝，用双面胶按图 4 把竹丝与飘带的一端连接。用细线做连接线，对线的要求是轻、软、不易松开，也不容易烧断，如医用手术线。

5. 按图 5 把线与飘带、竹丝连接，两线的结点不要在飘带正中，应向一边靠一点，三个节点可用少许白胶固定，在连接线中间接入长约 100 毫米的 1 毫米 ×1 毫米橡胶（在反喷时起缓冲作用），橡筋与连接线打结（在一端再连接一根长度为 140 毫米的引出线，以后连接头锥用），用微量的 502 胶固定。

6. 箭体安装：如果使用自制纸

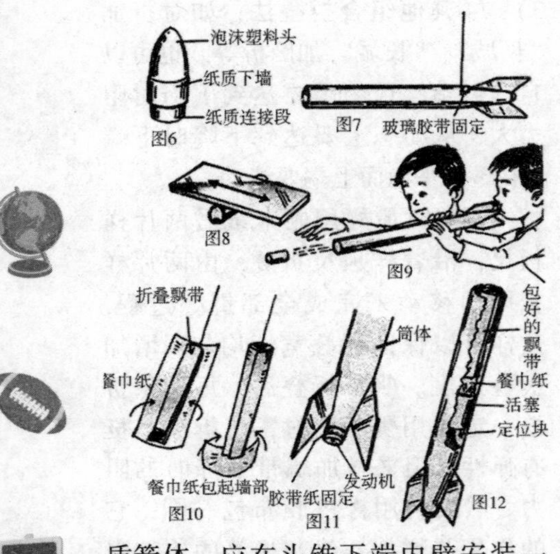

图6 图7 图8 图9 图10 图11 图12

质箭体，应在头锥下端内壁安装一段连接段。连接段用卡纸制作，它的外径与箭体内径相同，上口与头锥内壁用白胶或糨糊胶合（见图6）。头锥与箭体的连接要准直和稳定，不能太松、不能摇晃，否则会引起发射轨迹的歪斜或反冲时飘带不易喷出，这都取决于连接段制作是否正确。

飘带与箭体的连接点在定向片前方，先用502腔把连接定位在定向片与箭体接缝处，再用双组分环氧树脂胶加固，然后在它前方用涤纶胶带固定。取一枚使用过的A34T发动机壳装入箭体，提起连线应使箭体处于水平状态（图7），这样下降时可以增加留空时间。

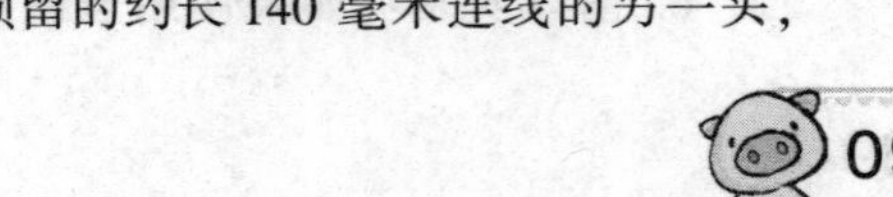

飘带与头锥的连接：将飘带上预留的约长140毫米连线的另一头，用微量的502胶把它定位在头锥内壁，再用双组分环氧树脂胶固定即可。

用厚度30毫米的发泡塑料制作“活塞”，最好用电热丝切割成直径30毫米的圆柱体，再按图8用平板把圆柱体表面滚平，使直径略微减小，正好装入箭体内，与箭体内壁基本没有缝隙，但稍用力活塞就可以在箭体内运动。用一根细棒把活塞推到箭体下端，用嘴对发动机段用力吹气，活塞可被你吐气弹出（见图9），这样的活塞就符合标准了。

安装过程：先把活塞推入箭体，往箭体内撒些滑石粉，它一方面可以润滑活塞与箭体内壁，同时又可以充填活塞与壁体的缝隙，防止发动机反喷的火焰从缝隙中窜出烧坏飘带或连线，避免飘带展不开或飘带与箭体分离，而使比赛得零分。撒好滑石粉后，再放入一小张餐巾纸。它也是保护飘带与连线不被烧坏的。再把飘带按折缝折叠，用两小张餐巾纸把飘带包起（见图10）：一张正好把飘带包一圈，另一张把飘带插入的头部包起，把它放入箭体，再把连线均匀地放在箭体内的飘带上方，装上头锥即可。建议在初次安装后，再用嘴对着装好的箭体发动机段用力吹气，这时整个头锥、飘带、活塞应一起被你吹出的

气弹出，这样的安装就是成功的。最后把 A34T 发动机装入发动机端，注意发动机装入时要求紧一些，要是太松应垫一纸片，如果发动机装不进，可以把发动机的外包装纸均匀地剥去几层。最后用胶带纸把发动机与箭体末端固定住（见图 11）。

在安装中，我们尽可能把飘带安装在箭体的上部，目的是把重心移向头部，最好能利用头锥后部的空间。建议同学们在箭体内安装个限位块，限位块可用桐木条制作，按图 12 胶合在箭体内壁。

这样，整个 S6A 模型火箭安装完毕，可以进入发射状态了，发射过程中，依靠发动机反喷时强的反冲气流把飘带弹出箭体，下降回收。

日照时间测定器

买房子是一个家庭比较重要的事，你的父母可能正忙于到各处看房。但是多种朝向的窗户往往搅乱了购房者的对房屋的窗户朝向和日照长短进行确判断。

现在教你一个小发明，用塑料片做个类似下图的仪器，作为你父母看房的小帮手，他们就可以对窗户日照时间作出较为正确的判断了。

材料和方法

1. 用一块圆形胶合板做测定器

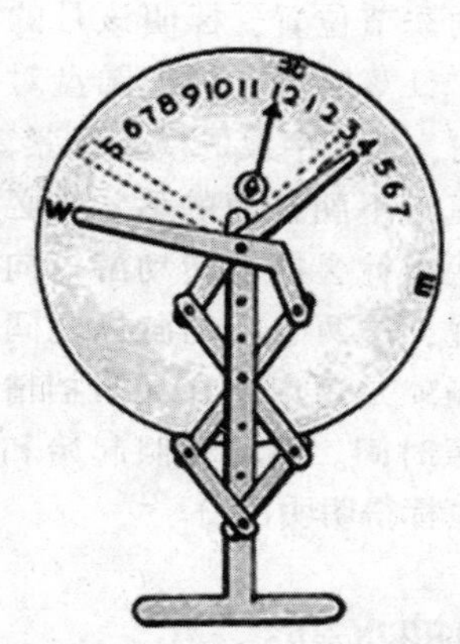

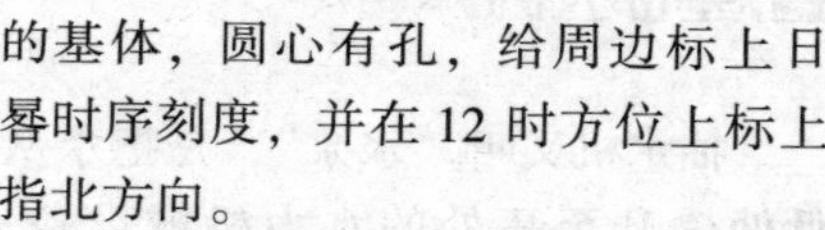
的基体，圆心有孔，给周边标上日晷时序刻度，并在 12 时方位上标上指北方向。

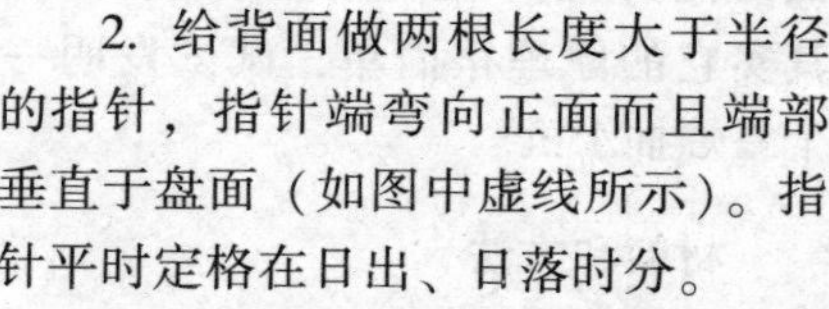
2. 给背面做两根长度大于半径的指针，指针端弯向正面而且端部垂直于盘面（如图中虚线所示）。指针平时定格在日出、日落时分。

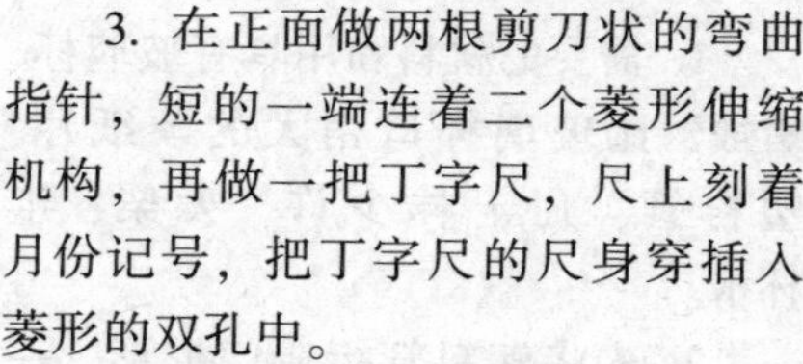
3. 在正面做两根剪刀状的弯曲指针，短的一端连着二个菱形伸缩机构，再做一把丁字尺，尺上刻着月份记号，把丁字尺的尺身穿插入菱形的双孔中。

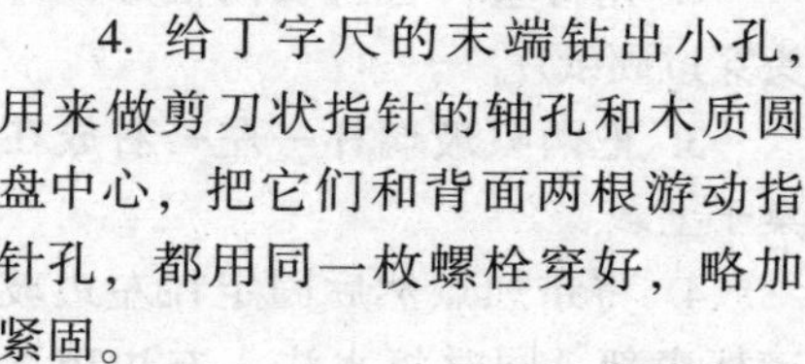
4. 给丁字尺的末端钻出小孔，用来做剪刀状指针的轴孔和木质圆盘中心，把它们和背面两根游动指针孔，都用同一枚螺栓穿好，略加紧固。

这个日照时间测定器就做好了。使用时，先让丁字尺对准圆盘 12 时方位，再把菱形链推拉到丁字尺所标月份的位置上，这时便校正转动

游标的季节位置，标明该月的正确日出、日落时分。再把圆盘对准正北方向，把丁字尺的横条贴紧窗沿，如果窗户不朝正南的话，势必有个剪刀状指针会推动转动游标向正北方靠拢，这两个转动游标之间的时间间隔就是这扇窗在无阻挡情况下的日照时间。而且光照起始和终了时间也标得明明白白。

蜡烛抽水机

抽水机又叫“水泵”，是把水从低处提升至高处的水力机械设备。其实它的原理很简单，试试发明一个蜡烛抽水机。

材料和方法

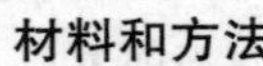

1. 需要的材料和用具有玻璃杯、蜡烛、比玻璃杯口稍大的硬纸片、塑料管、凡士林少许、火柴、半杯水。

2. 先将塑料管折成门框形，一头穿过硬纸片。

3. 把两只玻璃杯一左一右放在桌子上。

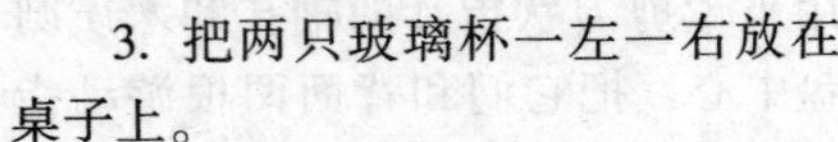

4. 将蜡烛点然后固定在左边玻璃杯底部，同时将水注入右边玻璃杯中。

5. 在放蜡烛的杯子口涂一些凡士林，再用穿有塑料管的硬纸片盖上，并使塑料管的另一头没入右边杯子水中。

使用时，让水从右边流入左边的杯子中。蜡烛燃烧用去了左边杯中的氧气，瓶中气压降低，右边杯压力使水向左杯流动，直到两杯水面承受的压力相等为止，到那时左杯水面高于右杯水面，就完成了抽水任务。

注意：蜡烛点然后固定在左边玻璃杯底部时注意安全，小心烧手。

指南针

指南针是人们辨别方向的贴心小帮手。这里教你一个用缝衣服的针发明的指南针的做法。

材料和方法

1. 准备好材料：针、蜡烛、铁丝、冷水、透明塑料瓶、铁锥、细木棒。

2. 用铁丝缠住缝衣针，然后放入火中烧红，之后马上放入冷水中冷却。你要记住了，浸的时候一定要使针成南北方向，这样针才能变成小磁针。还有啊，你一定要小心，别烫着！

3. 把塑料瓶剪去口，用铁锥在底部的中央扎一个孔，然后把细线一端拴在小磁针的中部，再把线从孔中穿过。

4. 倒立塑料瓶，使小磁针吊在

瓶的中部。待小磁针慢慢静止，这时你会发现，小磁针的一端指向的是南方，一端指的是北方。这个指南针就做好了。

螺旋桨船

螺旋桨旋转时，桨叶能够不断地把大量空气（推进介质）向后推去，在桨叶上产生一个向前的力，即推进力。一般情况下，螺旋桨除旋转外，还有前进速度。现在利用这个原理，来制作一个可以在水中前进的小船。

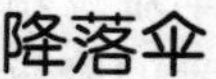

材料和方法

1. 准备材料和工具：装牛奶的空纸盒（容积为500毫升），塑料电池盒（内装2节五号电池），131型小电动机，塑料螺旋桨，细电线，泡沫塑料块，双面胶，直径为2毫米的铁丝，细的橡皮管，锥子和剪刀等。

2. 把装牛奶的空纸盒按图1剪成船体，平放，纸盒原来的上端作为船头，底部作为船尾。

3. 用自行车气门芯橡皮管将粗铁丝一头与马达的轴套接在一起，把塑料螺旋桨装在粗铁丝的另一头（见图2）。

4. 将泡沫塑料切成斜块，用双面胶粘贴在船舱的尾部，把小电动机的底粘贴在泡沫塑料块的斜面上，把电池盒粘贴在船舱中央。用细电线将电动机和电池盒电路接通（见图3）。

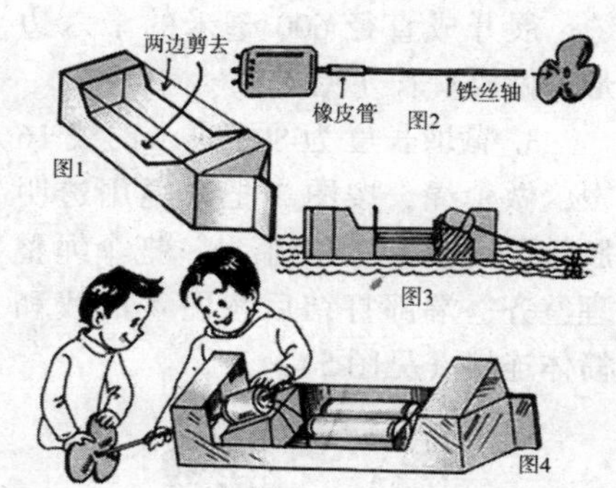

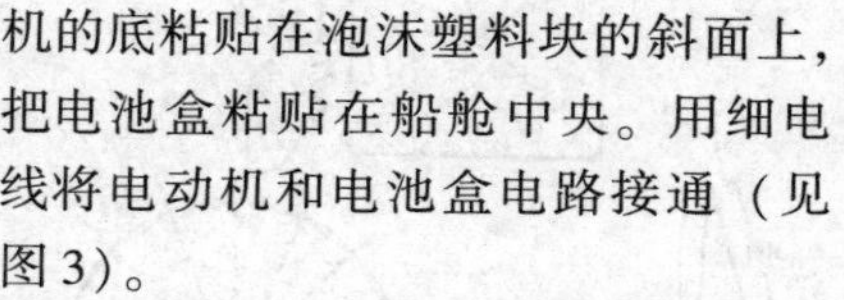

这样，简易的螺旋桨船就制作成功了（见图4）。把船放在水面上，打开装在电池盒后面的开关，螺旋桨立即快速转动，产生反作用力，船立即前进。

降落伞

这里有个关于降落伞的小发明，来学一学吧。

材料和方法

1. 准备材料：一次性台布，细线，透明胶带，1毫米×1毫米橡筋条制作降落伞。

2. 以直径600毫米的伞为例，将一次性台布裁下620毫米×620毫米一块，按图1多次对折成图2后截取R为300毫米一段，用力挤压折

缝，展开成直径600毫米的十六边形，做成伞衣（见图3）。

3. 截取长度为800毫米的线16根，做伞绳，按图3把伞绳用透明胶带固定在16条折痕处，把伞绳整理整齐，端部打结后按图4的线和箭体连接（见图5）。

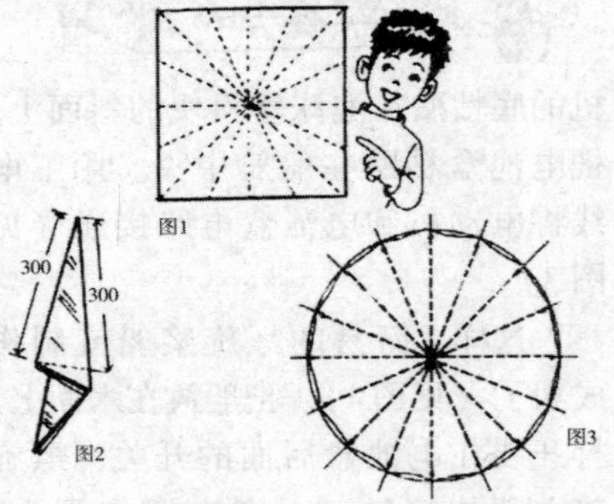

300 300

图1

图2

图3

需要注意的是，降落伞的直径大小对飞行影响很大，通常伞的直径大，留空时间长，但开伞难度增加。一般使用直径700毫米的降落伞，也可以使用直径1000毫米的大伞，但开伞成功率一定要有把握。

图4 图5 图6

另外，叠伞是一个十分重要的工作，也是试飞和比赛成功的基本

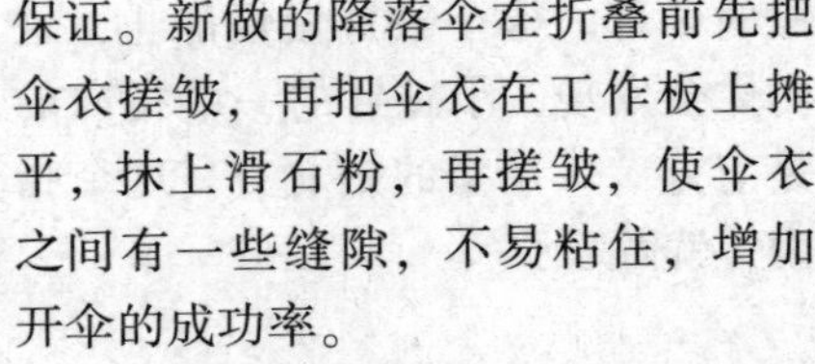

保证。新做的降落伞在折叠前先把伞衣搓皱，再把伞衣在工作板上摊平，抹上滑石粉，再搓皱，使伞衣之间有一些缝隙，不易粘住，增加开伞的成功率。

4. 按图5把伞绳夹在中间，每边折叠8瓜，两面共16瓜。拉起伞衣，向伞衣中撒一些滑石粉，把伞绳均匀地来回放入伞衣中间，长度150毫米左右。

5. 按图6折叠；以长度和宽度能放入箭体为准，然后用一小张餐巾纸把伞包一周，再用一小张餐巾纸把伞衣插入箭体的端部包起来。伞装入箭体后，装好发动机就可以去郊外发射了。

声波悬浮

用塑料薄膜、饮料瓶等材料，发明一个简易实验装置，可以做一个有趣的声悬浮小实验。

材料和方法

1. 实验装置制作：取一个饮料瓶，对半截开，取上半节，在瓶盖中心钻一个直径约4毫米的小圆孔，盖在瓶口上旋紧。取一张塑料薄膜包住半节瓶的另一端，用橡筋箍紧。

2. 取一张较厚的透明塑料纸，卷成一个内径约9毫米、长约240毫米的塑料管，在接头处用胶带粘牢，

防止松散。

3. 把塑料管的一端剪成十字开口，将剪开的部分向外弯折，然后将这端与瓶盖的小孔相对，用胶带粘牢。

4. 取一块泡沫塑料，用剪刀剪成一个直径比塑料管内径略小的小球，放在塑料管里，实验装置就完成了。

实验时，左手握住半节瓶的瓶脖处，让塑料管向上；用右手食指连续快击瓶下端的塑料薄膜，小球就在塑料管里悬浮起来。原来，手击薄膜所产生的声波引起了瓶内空气的振动，这一振动作用在小球上，使小球不停地浮起。

捉老鼠和看电影

可以毫不夸张地说，所有的少年朋友都喜爱看电影，但并不一定个个都知道电影里人物活动的道理。这里即将进行一个科技小发明——捉老鼠，它会让你探索出电影里人物活动的秘密。

材料和方法

1. 所用材料

硬纸板2张；粗铁丝1根；电动机1个；30～100欧的绕线电位器1个；五号电池1节；木板1块；三合板若干；铁片若干。

2. 制作方法

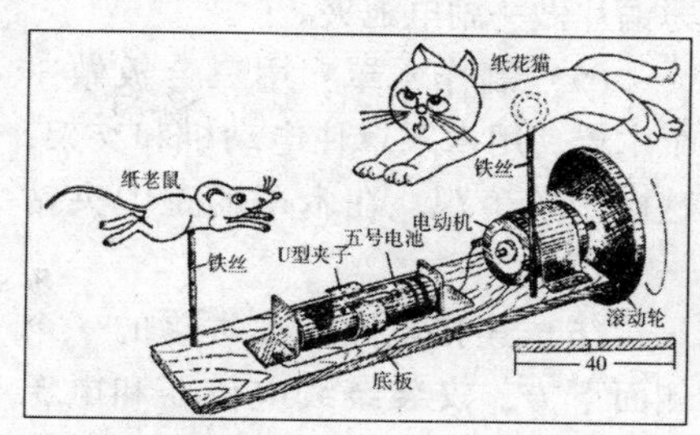

（1）制作老鼠和老鼠笼：找两张硬板纸一张照图画老鼠，另一张画老鼠笼。用一根粗铁丝，夹在两张画片中间，然后用糨糊贴牢。等糨糊干固后，就成了手动捉老鼠玩具了。把粗铁丝放在两只手掌中间，来回搓动，眼睛盯着画片看，就能看到老鼠关在笼子里。

（2）安装电动机：锯一块长40毫米、宽30毫米的厚木块做固定板，用铁片把电动机固定在厚木块上。锯一块长100毫米、宽100毫米的木板做底板，用铁钉把厚木块固定在底板上。

（3）制作支架：用铁片做大小两个支架，图中尺寸以毫米做单位。在两个支架中央各钻一个小孔。把小支架底部两边用锡焊在大支架的顶部。两支架上的小孔要对准。支架做好后用铁钉固定在底板上，支架上的小孔对准电动机轴。找一截废圆珠笔芯，穿过大小支架的小孔，套在电动机轴上。

(4) 制作电池夹：用有弹性的薄铜片做一副电池夹。

(5) 制作木罩：用三合板做一个木罩。用木罩罩住电动机和支架，这样比较美观。在木罩的正中央钻一个孔。

(6) 连接电路：在木罩的一个侧面下方，安装绕线电位器和电源开关。连接好电路，罩上木罩，再把画片插入圆珠笔芯里，整个玩具就做好了。

使用时，把电源开关扳到开的位置，电动机旋转。调整绕线电位器，使它的电阻减小，电路中的电流就会增大，电动机转速加快，画片旋转也加快，老鼠就好像关进笼子里去了。调整绕线电位器，使它的电阻增大，电动机转速就会减慢，画片旋转也减慢，看上去鼠归鼠，笼归笼。

其实，人们用眼睛看物体的时候，物体的形象会映入视网膜上。物体变换时，映在视网膜上的形象并不马上消失，大约要保留 0.1 秒钟。这个现象叫做视觉暂留。捉老鼠的画片如果旋转得很快，老鼠笼在视网膜上的形象还来不及消失，老鼠的形象又映人视网膜上，结果两个形象合在一起，老鼠就好像关在笼子里了。转动，1 秒钟放映 24 幅画面，在银幕上看到的人物形象就动起来了。

自制喷雾器

家里养了花草，直接浇水会浪费不少水，不妨发明一个小喷雾器，其实很简单，按下面的介绍去做就可以了。

材料和方法

1. 取一个容积为 2.5 升的塑料筒，作为储药桶。桶盖上安装一套自行车的气门嘴，塑料桶下部安装一个出水管。

2. 取一个去掉底的子弹壳，将壳口咂成狭缝，作为喷头，喷头狭缝的大小以能将药液喷成雾状为宜。用带有铁夹的塑料管将喷头和出水管连起来，如图所示。

3. 向储药桶内注入半桶水（模拟配好的药液），把盖旋紧，以防漏

气。用打气筒从桶盖上面的气门嘴向桶里打入适量的空气（使桶壁微微鼓胀起来即可）。打开铁夹，水在桶内压缩空气的作用下，就急剧地从喷嘴喷射出来，散成雾状。

简易手压喷雾器

如果上面的那个喷雾器需要的子弹壳不好找，你不妨利用吸管和饮料瓶，发明一种简易手压式喷雾器。它简单易做，给花草喷水也挺适用。

材料和方法

1. 取2根直径约3毫米的塑料吸管，将一根吸管用烛焰加热，弯成90°的曲管。

2. 找一个塑料饮料瓶，旋下瓶盖，在瓶盖上钻2个小孔。

3. 将两根吸管插入瓶盖孔内，要求两管口的边缘接触于一点或留下1~3毫米的空隙做成喷嘴，盖在饮料瓶上，喷雾器就完成了。

使用时，旋下带有吸管的瓶盖，灌上适量的水（以不淹没喷气管为限），盖紧瓶盖。手握饮料瓶连续一压一松，就能喷出水雾。在使用过程中，瓶内的水逐渐减少，如果瓶内吸管离开水面，不能喷水，可将这喷雾器倒过来，使吸管作为喷气管，接触水的曲管作为喷水管，仍可继续使用。

小发报机

发明一个小发报机，你可以跟同学们以暗语进行交流，没有人会知道你们的秘密。

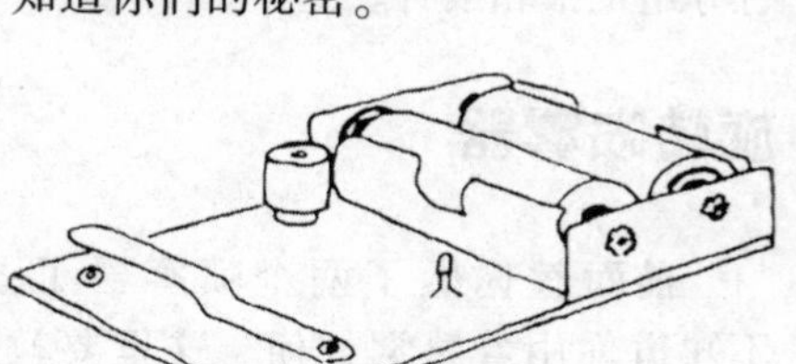

材料和方法

1. 准备材料：三合板一块（8厘米×6厘米）、电池盒一个、五号电池二个、无源讯响器或其他电流发声器一个、发光二极管或小电珠一个、铜片一片（4厘米×1厘米）、金属螺丝4枚、细导线。

2. 用两枚螺丝将电池盒固定在三合板上的一边。

3. 在三合板上适当位置钻四个小孔，固定无源讯响器和发光二极管。

4. 在铜片上打出小孔，用螺丝线将它固定在三合板上另一边，再将铜片一端向上扳起一些，在这端下方固定一枚螺丝，作为电码开关。

5. 用细导线在三合板背面依次将电池盒、无源讯响器、二极管和

电码开关连接起来（注意正负极），发报机就做好了。

使用时，装上电池，按动电码开关，就能看到二极管一闪一闪，听到“嘀嘀哒哒”的电报响声。你也可以和朋友们自编电报密码，进行分组发报和接听。

旋转喷雾器

前面教你做了两个喷雾器了，不知道你用着感觉如何。这里要教你的是能够旋转的喷水装置，用它浇水更加省时省力省水，又浇得均匀透彻。

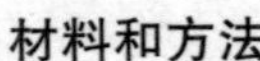

材料和方法

1. 先准备好制作需要的材料：一根约 80 厘米长的木棍，一个小碗，两个易拉罐（或圆罐头盒），一根竹板条（长约 60 ~ 70 厘米），一枚 1 寸的铁钉，一只花盆。

2. 把木棍埋在花盆里，作为浇灌装置的底座。

3. 把小碗扣在木棍上端，让碗足作为旋转用的轴承。

4. 把竹板条放到火上烧烤，慢慢使它弯曲，弯成一个“弓”形后，放一边冷却，然后在竹板条的中间钉一枚钉子。

5. 用易拉罐或罐头盒做装水的容器，并在罐靠底部的侧面钻一个小孔，用铁丝或细绳把罐分别绑在竹板条的两端。

6. 把竹板条放在小碗上，一个旋转喷水装置就做好了。

使用时，装上水，调整小罐的喷水方向，使两个罐的喷水方向相反，小罐就会带动支架一起旋转起来。这样是不是更好用了呢？小罐为什么会旋转呢？原来，是水的反作用力在起作用。

活塞式抽水机模型

活塞式抽水机是利用活塞的往复运动及大气压的共同作用，把水从低处抽到高处的一种小机器。它并不复杂，你可以利用喝完饮料后的乐百氏奶瓶及其他一些附件就能发明一个活塞式抽水机模型。一起试试吧！

材料和方法

1. 准备材料：乐百氏奶瓶 1 个、胶塞 1 个、废塑料圆珠笔 2 支、小钢珠（或小玻璃珠）2 颗、硬质胶管 1 米、小钢针（或小铁钉）2 枚、502 胶等。

2. 制作单向阀：旋出圆珠笔的圆锥形笔嘴，在笔嘴内放入小钢珠，要求钢珠不能从笔嘴尖漏出，然后用加热到高温的小钢针刺透圆珠笔嘴，固定在小钢珠上方，作为它的

阻拦杆。为了防止漏气，可在钢针穿过的笔嘴外围涂上些 502 胶水，如图 1 所示。钢针的长度要适当，最好是穿过之后，两头都不露出。按这样的方法制作好两个单向阀。

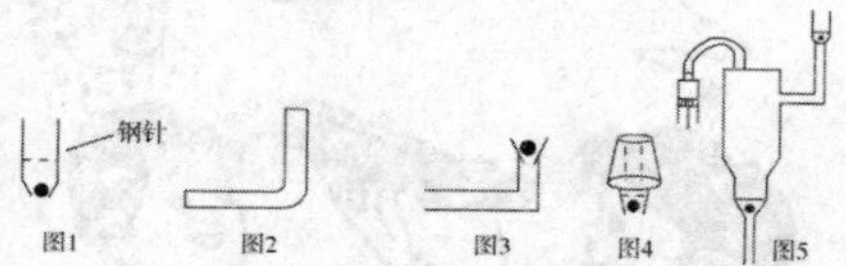

3. 制作出水管和进水管：先制作出水管，在圆珠笔管中插入一根铅丝，把笔管放到酒精灯上加热，加热时要不断转动，待其软化后从中间弯成如图 3 所示的形状，弯好后把铅丝抽出，然后把一个单向阀按图 3 所示的方位粘到笔管口上。这样，一支出水管就做好了。进水管的制作也很简便，在胶塞上钻一个孔径相当于圆珠笔管内径的孔，把单向阀按图 4 所示的方位粘到孔口上。

4. 各部件制作完毕，在乐百氏奶瓶上开两个孔，孔径与圆珠笔管外径一样大，一个在瓶身的中部，另一个在瓶的底部。把出水管插在瓶身中部的孔中，把另一根圆珠笔管插在瓶底的孔中作为抽气管，然后都用 502 胶水粘牢。注意所有的粘接都要密封好，不能有漏气现象。

5. 把进水管胶塞安到瓶口，用硬胶管把粘在底部的抽气管连接到注射器上。一个乐百氏奶瓶活塞式抽水机模型（图 5）就做好了。

从图 5 可以看出这个抽水机模型的外观，瓶口有一个进水单向阀。瓶底部开一个口，接出一根管子，管子连到注射器上。瓶身中央开一个口作为出水口，出水口接上一个出水单向阀。当拉动注射器的活塞时，瓶内气压减小，大气压把水从进水口压入；当推动活塞时，水从出水口沿管道流出。如果需要把水送到远些的地方，则在出水管加套一根胶管即可，抽水时，把进水管口放入水中，不断抽动注射器，即可把水从低处送到高处。

会“吞吐”火焰的喇叭

我们知道：一定量的气体，在温度不变的条件下，其压强与体积成反比。可以利用这个原理发明一个会“吞吐”火焰的喇叭，非常有趣。

材料和方法

1. 取一只易拉罐，把开罐的一端全部剪掉，在离罐底约 2 厘米处开一个小孔。

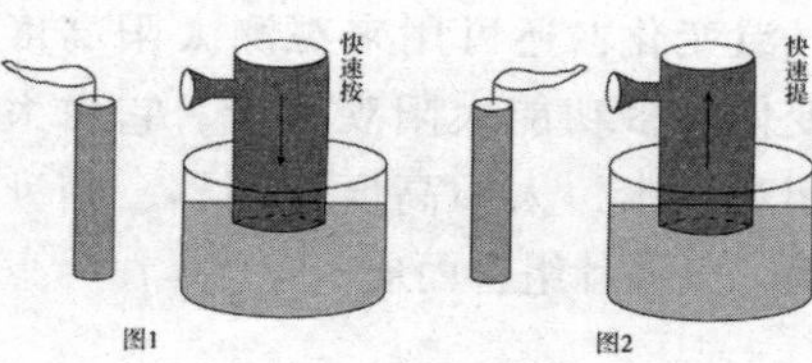

2. 再取一张硬质纸（或马粪纸）卷成喇叭形，将喇叭的吹气口塞进易拉罐的小孔内，相接处用百得胶粘牢固定，不能漏气，这是实验成败的关键（易拉罐上的小孔边用刀刮几下，使其表面粗糙，容易胶牢）。

3. 点燃蜡烛，将火焰靠近喇叭口，把易拉罐快速按进盛有水的容器中，可看到蜡烛的火焰向外偏，好像火焰从喇叭里吐出来似的（图1）。

4. 先将易拉罐慢慢按入水中一定深度，然后迅速把易拉罐向上提拉，会看到喇叭把蜡烛的火焰吞进去（图2）。

其实，快速向下按时，罐内气体被压缩，压强增大，大于外界气压，罐内气体从喇叭里吹出，火焰向外偏；反之，快速向上提拉，内气压小于大气压，蜡烛火焰被吞进喇叭。

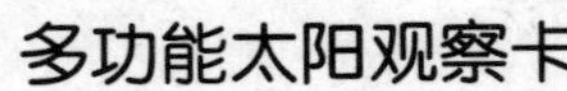

多功能太阳观察卡

这里要教你的是一个能用来观察太阳黑子、日食过程，日食时的气温变化，还可用来观测太阳高度变化的多功能太阳观察卡。它由太阳观察卡、太阳高度观测器、瞄准筒、气温计组合而成。

材料和方法

1. 裁好面积80毫米×120毫米的卡纸，在卡纸中心挖一个直径20毫米的孔，在圆孔中重叠固定两张银色涤纶纸（涤纶纸不能有针孔），然后将两张卡纸重叠粘牢，做成太阳观察卡。

2. 在观察卡左边粘上90°的量角器，并在中心点穿根线，线端系上重物。

3. 在观察孔的背后面粘贴用牙膏盒做的瞄准筒，正面固定一只气温计。

这样，一个多功能太阳观察卡就做好了。观察时用右手握着太阳观察卡瞄准太阳，见到阳光落在孔

中央时手静止不动，然后用左手轻轻捏住绳子贴着量角器的位置，绳子所指的角度就是高度。

测倾器

下面的小发明是一个测倾器，它的体积小，便于携带，使用方便且测量数据准确。这个测倾器是用量角器、度盘、铅锤和支杆做成的一个简单实用的仪器，动手做一做吧！

材料和方法

1. 用木板做一个半圆刻度盘，用量角器在上面画刻度，注意半圆盘上的刻度与量角器不同，它是90°—0°—90°，如图1所示。

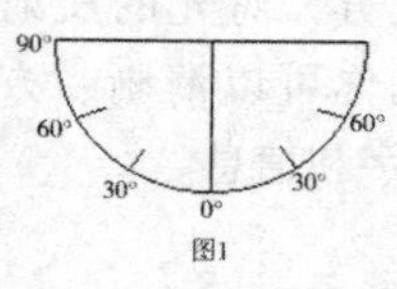

图1

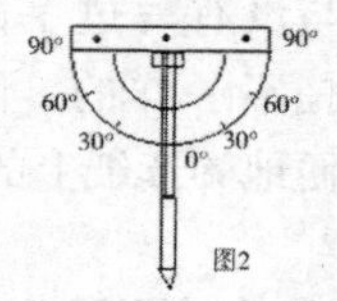

图2

2. 用手钻在圆心处打孔，并按图2用螺钉、螺母把它和一根长为130厘米的木杆连在一起，这时，半圆盘就能绕着固定螺钉旋转（螺母不能固定得太紧或太松）。

3. 在圆心螺钉处悬挂一铅垂线，以标出铅直向下。

4. 在半圆盘的直径的两端钉两个标针，当木杆与地面垂直时，通过两标针及中心的视线是水平的，

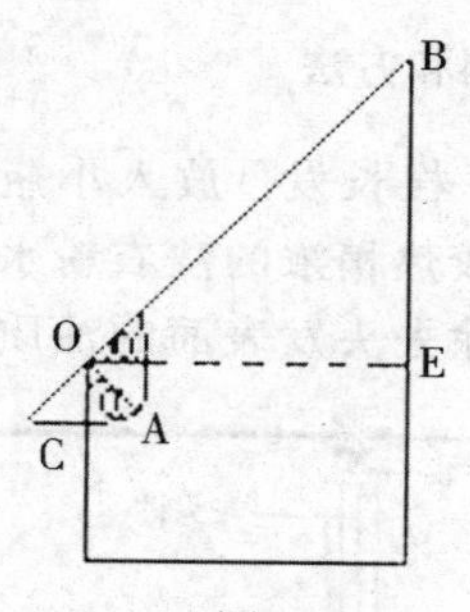

图3

因为它与铅垂线互相垂直。

使用方法：把测倾器插在远离被测目标处，使测倾器的木杆的中心线与铅垂线垂合，这时标针连线在水平位置。一定要注意铅垂线与木杆重合，否则说明木杆不竖直，不能测量。然后，转动半圆盘，使视线通过两标针，并且刚好落在目标物顶部B处（如图3所示）。

注："使目标物顶部B点落在视线上"指眼睛、两个标针与目标物顶点B点位于同一直线上，即四点共线。

头发湿度计

你知道吗？头发会随着空气的干湿变化而缩短伸长。因为头发上有许多毛细孔，空气潮湿时，毛细孔内的水分增加，使头发伸长；空气干燥时，头发便缩短。我们可以根据头发的这个特性，发明一个头发湿度计。

材料和方法

选一根长发，放入小瓶内，倒进半瓶较热稍浓的洗衣粉水，使劲摇动，除去头发表面的油质。然后

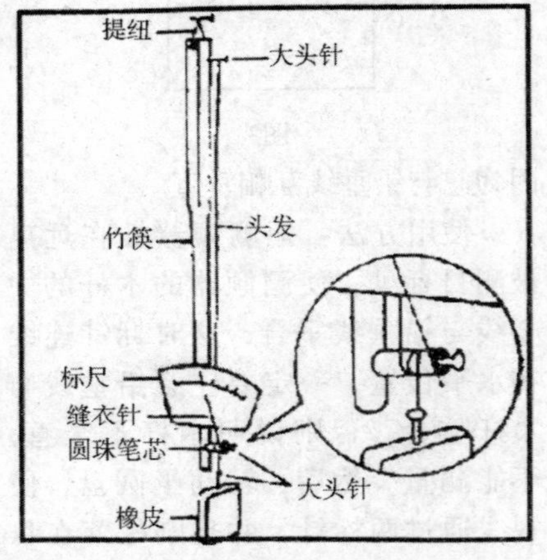

用清水漂洗、晾干。

按图所示将头发湿度计制作好，将它挂在通风处，在晴天的午后，将指针调到标尺板的一侧（此时空气干燥，头发处于收缩状态），在指针所指的位置标“小”字（湿度小）；在雨天的早晨，当指针偏向另一侧时，在指针所指的位置标“大”字（湿度大）。

把自制的头发湿度计挂在室内，可以了解室内一天里空气的湿度了。

水制密信

如果你有些信息不希望被别人知道，那么不妨试试这个小发明——水制密信，来记录信息。

材料和方法

1. 将一张白纸浸入水中，取出后放在一个玻璃板上，或是平滑、质地坚硬的桌面上。

2. 再取一张白纸盖在浸湿的白纸上面。

3. 用一只不出水的圆珠笔在白纸上写出你要写的内容。

4. 将纸晒干，字迹就会消失得无影无踪。

当你要看这些信息的时候，只要将白纸浸透，字迹就又出现了。

其实，这种方法是应用挤压原理，使纸张纤维结构发生变化。当纸第二次被浸湿后，写过字的地方与没有写过字的地方，对光的反射是不一样的。因此你可以清晰、方便地阅读纸上的文字和信息。

汽车打滑自救装置

当我们开汽车去郊区或者野外游玩时，碰到需要在沙地、泥地上行驶的情况，车轮容易打滑，一旦打滑下陷便会动弹不得。这真是个令人头疼的问题。现在好了，有了这个汽车打滑自救装置，会方便很多，来动手做一个吧！

车子打滑其实是车轮所在地面

松散不坚固或过于光滑造成的，要车子不打滑，得增加车轮与路面的摩擦力。所以这个汽车打滑自救装置就是利用增大摩擦力的原理发明的。

材料和方法

1. 一条非常结实的木板，将其分成3份，用活页连起来。

2. 在其中两块木板之间装上一块燕尾状木块，起支撑、固定作用。

3. 然后，在木板上画好等距线，钉上水泥钢钉或自攻螺丝钉子（钉子的数量由你觉得合适），汽车打滑自救装置就做好了。

遇到汽车在沙地、泥地上打滑时，把这个装置打开，紧贴车轮放于轮下，就相当于车轮下多了一座小桥，钉子起增大摩擦的作用，汽车就能顺利开动。

塑料瓶潜水艇

潜水艇可以潜到水下很长时间，如果有一个自己的潜水艇到水边去玩，一定很神气，这里就介绍一个用塑料瓶发明的潜水艇，你可以把它命名成自己的名字。

材料和方法

1. 材料和工具：1只废旧塑料瓶，2根塑料套管或细橡皮管，橡皮泥、橡皮胶布和卡纸少量，剪刀、刀片和小锥子等。

2. 用刀片将废旧塑料瓶的瓶底整齐地切下来，待用（如图1所示）。

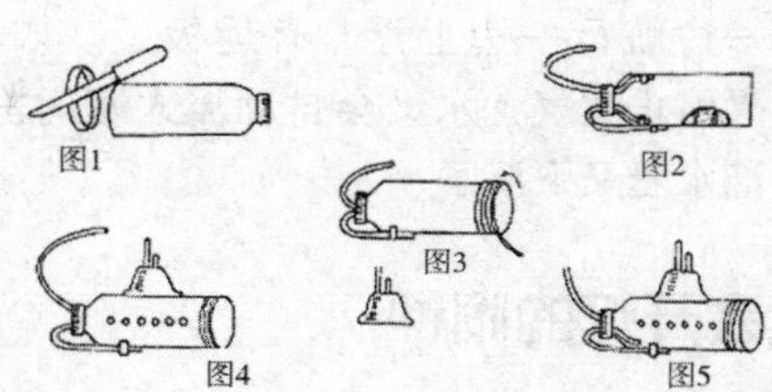

3. 在瓶内放一小块橡皮泥，并用橡皮胶布固定，作为压舱物。再在瓶盖上分别钻两个孔，将一长一短的两根塑料套管装入，也用橡皮胶布固定（如图2所示）。

4. 用橡皮胶布把刚才切下的瓶底固定在原处。注意密封，可以多绕几圈（如图3所示）。

5. 再用卡纸照图4的样子画一个潜水艇的指挥塔，并用蜡笔在两面涂上漂亮的颜色（涂蜡笔具有防水作用，卡纸不会被水浸烂），用橡皮胶布固定在艇身中间。

6. 剪12片小圆形深色橡皮胶布粘贴在艇身的两侧，成为水密舷窗。

这样，塑料瓶潜水艇就做好啦（如图5）。玩的时候先找一只面盆盛大半盆水，手拿潜水艇慢慢放入水面，水就会从下面的塑料管中流入瓶内，当瓶内装满水后，潜水艇就沉没在水底。这时，嘴从上面的塑

料管中慢而均匀地吹气，潜水艇内的水受到空气的压力，就会从下面的管子里排出来。排出的水有一股反作用力，会推动潜水艇慢慢地前进。随着水的不断排出，潜水艇就一边航行一边上浮，有趣极了。如果停止吹气，水又会自动流入瓶内，潜水艇又下沉了。

会开灯的闹钟

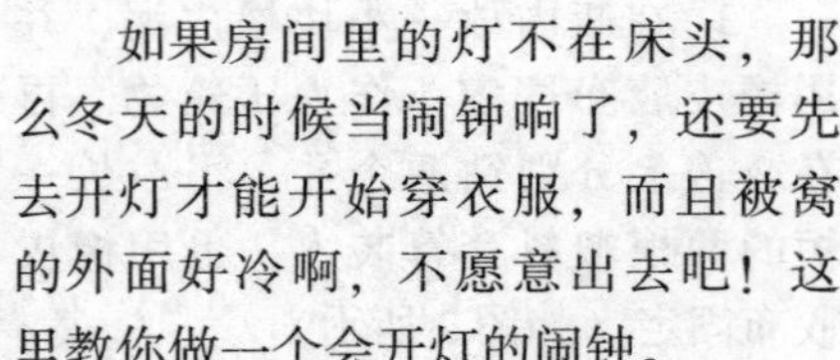

如果房间里的灯不在床头，那么冬天的时候当闹钟响了，还要先去开灯才能开始穿衣服，而且被窝的外面好冷啊，不愿意出去吧！这里教你做一个会开灯的闹钟。

材料和方法

你需要的制作材料有一块薄铁皮，一只机械小闹钟，一个微动开关，垫物（木块、砖或书本等）。

将薄铁皮剪成40毫米×100毫米的长方形，对折，一头将闹钟的发条旋钮套入，用铁钳夹紧。如嫌不牢固，可再用胶带缠一下。另一头紧靠在接电灯的微动开关上。用垫物将微动开关垫高至铁皮相应高度。

使用方法，将闹钟定时，上紧发条，按上法旋好。闹钟响时，发条旋钮带动铁皮转动，拨动连接电灯的微动开关，电灯就亮了。

水上飞艇

这里给你介绍一个水上飞艇小发明，赶快跟着做一只，玩起来很是过瘾呢！

材料和方法

1. 准备材料：细长圆柱形塑料果奶瓶1只，坏乒乓球1只，小塑料药片瓶1只，易拉罐1只，软木塞1只，小电动机1只，五号电池2节，金属揿钮1副，电线适量，螺丝、螺帽2对，百得胶。

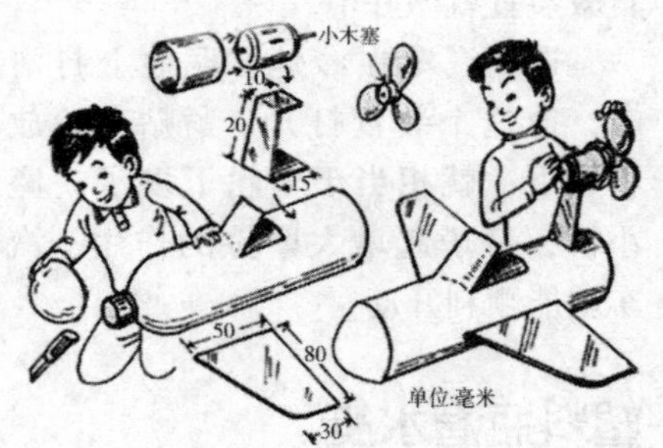

2. 在果奶瓶腰部开一个40毫米×20毫米的舱口，前端不要剪断，向上折起。

3. 将坏乒乓球对半剖开，取完好的一半罩住瓶口并粘牢。

4. 将易拉罐去两底剪开反卷摊平，照样子剪成两片机翼，安装在艇身两侧。

5. 剪一块长40毫米×10毫米的薄铁皮，两头按图折成90°做支架，

将小塑料瓶上半部剪去，按图用螺丝、螺帽固定在支架一头，另一头按图示固定在飞艇后部上方。

6. 剪三片长30毫米的椭圆形叶片，等距按一定角度插在小软木塞四周做桨叶，再安装在小电动机旋转轴上，然后按塑料瓶直径在电动机上绕几层卡纸，使它能紧紧塞在瓶里固定。

7. 将小电池装入艇舱，在艇舱后部钻孔，将与电池连接的导线穿出，用揿钮做开关，将电动机、电池与开关连接起来。

这个水上飞艇就做好了，玩的时候，将快艇放水池中，合上揿钮，电路接通，快艇就会向前驶去，如飞艇倒退行驶可将引出导线两极对调，如艇身重心不稳，可在艇底粘上重物做配重。

电动压路机模型

如果有损坏了的四驱车，把它发明改装成一辆压路机是不错的主意。

材料和方法

1. 取两块长方形的小木块，按图1相互搭成直角形状，用螺丝钉固定住，作为车身。

2. 用螺丝钉把玩具车上拆下来的小马达和齿轮组固定在竖立的木板上，把电池盒（内装2节五号干电池）固定在横的木板上，装上开关。

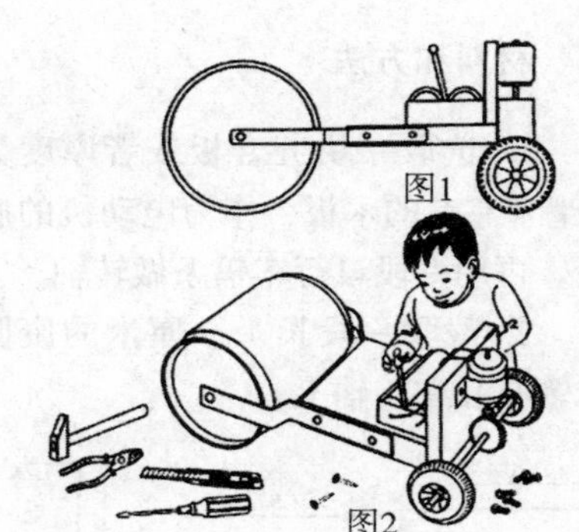
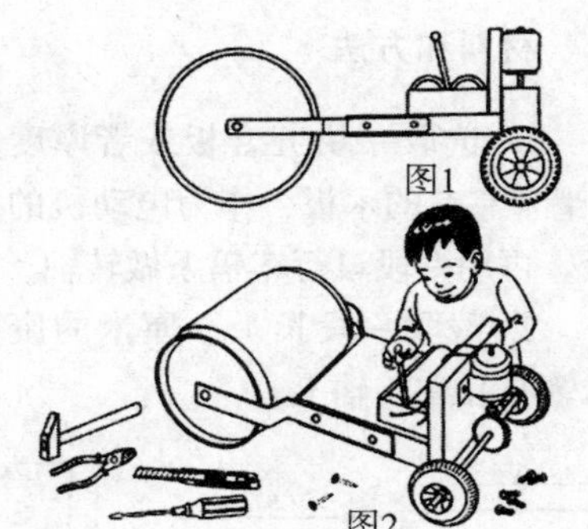

图1

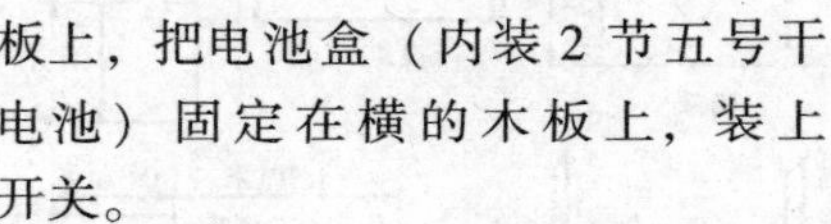

图2

3. 然后在一只易拉罐的两底圆心钻孔，做压路机的滚轮，用粗铁丝作为滚轮轴。

4. 把两条等长的薄铁条弯折后分别固定在滚轮轴和车身的两侧，两只轮子分别装在车轴的两端。

这样，电动压路机模型就制作成功了（见图2）。接通线路，马达轴转动，带动变速齿轮，压路机就能慢慢地前进。

简易电动机

小到电动玩具车，大到工厂的机床，几乎都是电动机带动的。但是，电动机是怎样转动起来的呢？这里介绍的是一个用简单材料发明的简易电动机，通过完成这个小发明，你一定会了解电动机的原理。

材料和方法

1. 选取一块五合板或者厚度为6毫米左右的木板，作为电动机的底板。再用一段自行车辐条做转轴。

2. 截取一段长1.5厘米的废圆珠笔心套在转轴上。

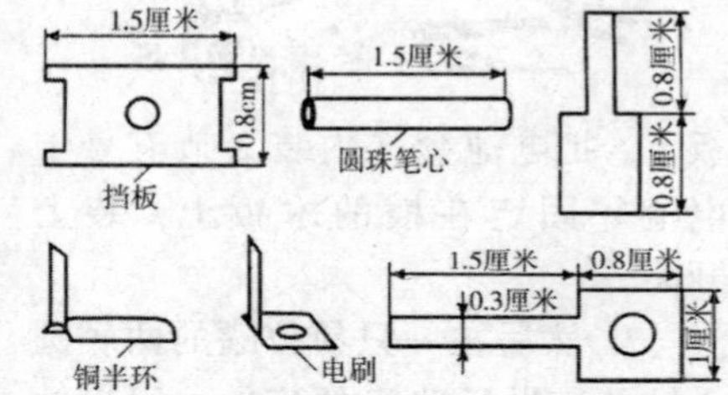

3. 用薄塑料板或厚纸板按照图制成挡板，套在转轴两端组成转子线圈的骨架。

4. 把直径0.4毫米左右的漆包线在骨架上绕50～60匝制成转子线圈。

5. 在转轴的一端绕上几层绝缘胶带做成圆形的换向器骨架。

6. 找点薄铜片或铁皮按照图制成两个半环，用细线将两个铜半环绑扎在换向器骨架上。将转子线圈的两个线头刮去漆皮，焊接在铜半环的接线片上，就制成了电动机的转子。

7. 再用薄铜片或铁皮照图所示的尺寸制成两个电刷，连同直径1.3毫米的裸铜线弯成的接线端子一起钉在底板上。

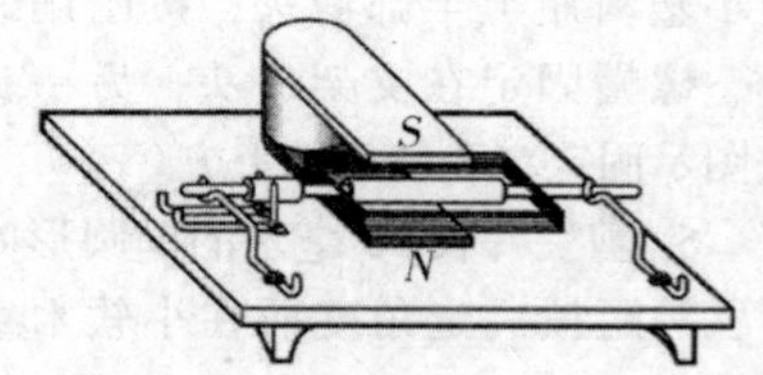

8. 把直径1.3毫米的裸铜线弯成如图所示的转子支架，并用小钉钉在底板上。

9. 将蹄形磁铁放置在底板上使转子线圈位于磁铁两极间。将转子放置在支架上，使电刷与换向器接触良好。接通电源后，转子就会连续转动。改变磁场方向或电流方向时，转动方向改变。当磁铁向远离转子的方向移动时，转子的转速变慢。

现在你知道电动机的原理了吗？其实大电动机内部的原理和你做的这个简易电动机是一样的。

太阳测角仪

你知道太阳与地平线的角度是多少吗？如何测量呢？下面这个小发明，能够帮你做出判断，一起来制作吧！

材料和方法

1. 准备材料：200毫米×150毫米×15毫米木板一块，20毫米×12毫米×330毫米木条一根，250毫米×

100 毫米薄铁片一块，小木条若干根。

2. 用 200 毫米 × 150 毫米 × 15 毫米木板和小木条制底座。

3. 用 20 毫米 × 12 毫米 × 330 毫米木条做支架，并在一端打上安装孔，用胶水、铁钉将它固定在底座中央。

4. 把铁片展开，在左端钻个投光孔，在右端与投光孔对应位置画小红点，然后把它弯折成观测臂。

5. 取一张白卡纸，剪一个直径为 80 毫米的半圆，并在上面照量角器画上刻度，然后粘在观测臂的半圆上。

6. 用铁片做一个指针，并在指针上钻孔。把指针套在长 20 毫米的螺杆上，套上一小段塑料管，装上指针。指针和塑料管之间留一定的空隙。把观测臂套在螺丝上，最后将它固定在支架上，要求指针能够自然下垂。

测角仪做好后，就可以用它来观测太阳与地平线角度了。观测时，先把测角仪的观测臂对准太阳的方向（注意眼睛不能直接观察太阳），再慢慢地调节观测臂的角度，直到一束阳光透过投光孔，射在对面铁片的圆红点上。当光斑与红点重合时，刻盘上指针所指的角度，就是测角仪所在地地平线与太阳的角度。

火柴火箭

火箭是利用反冲作用工作的，在航空领域，火箭是最重要的运力，它把各种人造卫星、探测器、空间站等送上太空为人类服务。这里介绍一个火柴火箭小发明，它和真火箭的原理可是一样的。

材料和方法

1. 将一根火柴和一根缝被的大针并在一起，用包香烟的铝箔将它们紧紧地包裹起来。

2. 将有火柴头的一端的铝箔弯折过来，密封捻紧。

3. 在靠近尾部的地方装上定向尾翼，把针拔出，就成了一个很简单的反冲火箭。

使用时，把小火箭放在铁丝架上，点燃一根火柴，对准铝箔筒包有火柴头的部位加热。当温度升高到火柴头的燃点时，铝箔里的火柴被点燃，使周围的空气急剧膨胀，气体从尾口高速喷出。由于反冲作用，火箭筒便从架上向前飞了出去。

如果在铝箔中包两根头对头放置的火柴，两端都不封闭。将它放在上，从中部加热。当筒内火柴点燃后，气体从两头喷出，铝箔筒仍停留在架上，从而说明了系统的动量守恒。

分币机

硬币有一角、五角、一元的，数量多的时候数起来很费劲。这里给你介绍个小发明——分币机，可以试一试。

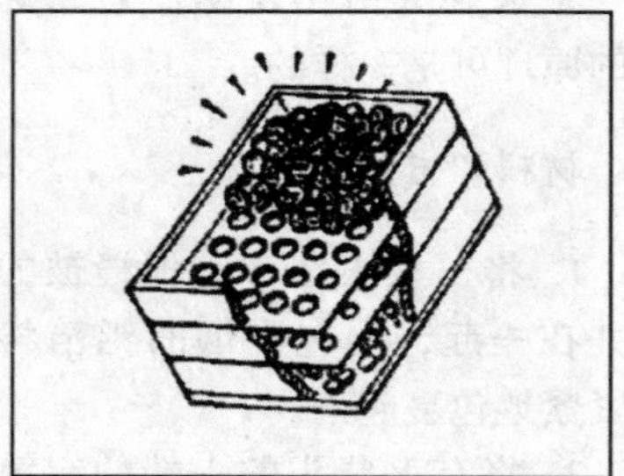

材料和方法

取两块铁皮。一块板上钻出许多只让一角、五角硬币通过，而不让一元硬币通过的圆孔，放在木箱的第一层。另一块木板上钻出许多只让五角硬币通过，而不让一角硬币通过的圆孔，放在第二层。

这样，将大堆硬币放进去只要摇晃几下木箱，硬币便会自动分开，数起来就省劲多了。

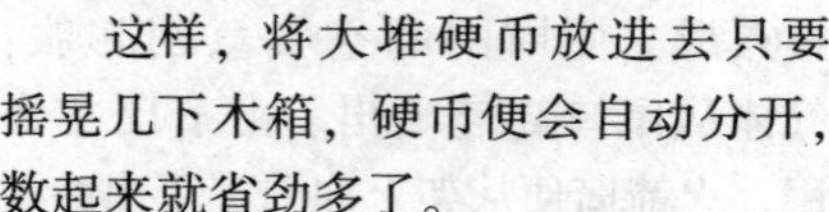

“涅纳号”古典帆船

这里教你发明一只古典帆船模型，材料和工具只需要泡沫塑料、竹签、牙膏盖、白胶、美工刀、剪刀等就够了，这艘古典帆船模型叫“涅纳号”，它是1492年哥伦布发现美洲大陆所率领的船队中的一艘船，当然，这里做了一些简化设计。

材料和方法

1. 在泡沫塑料包装箱上割取50毫米×20毫米×170毫米的一块，按图1切割成船体。

2. 用一块60毫米×60毫米×10毫米的泡沫塑料按图2切割成后甲板。

3. 将后甲板按图3粘接在船身上，再切割5毫米×8毫米×60毫米泡沫塑料两条粘在后甲板两侧，做成船体（需要注意的是，泡沫塑料粘接只能用白胶或双面胶）。

4. 等船体胶水干透后用0号细砂纸打磨船体，然后用蓝色广告色涂布船体外侧，白色涂布甲板。

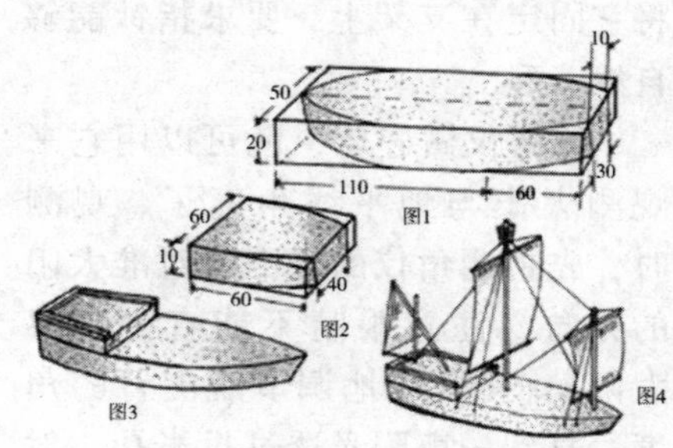

5. 用竹签做桅杆。截取直径50毫米×长200毫米、直径3毫米×长80毫米竹签各一根，再找一只中号牙膏盖，按图4做成主桅杆。先将

一根80毫米长的细竹签用纱线固定在200毫米长的桅杆上，在牙膏盖的中心钻一个直径4毫米的孔，插在桅杆顶上做瞭望台，并使桅杆露出5毫米长的一段（见图4）。

6. 用直径4毫米×长130毫米和直径3毫米×长60毫米的竹签按上述相同的方法做前桅杆。

7. 将前桅杆与主桅杆分别按图5分别插入船体。再裁取直径3毫米，长度分别为60毫米（船尾桅杆）、80毫米（帆桁）、40毫米（船尾突杆）竹签各一根，然后按图示要求装在船尾甲板上固定。

8. 用铅画纸按图示做主帆、前帆和三角帆后粘在桅杆上，最后按图示系上纱线做帆绳即可。

吸珠器

利用一根滴管，可以做一只拾取小钢珠或其他珠状物的实用吸珠器。家里再有什么小东西掉了，可就派上用场了。

材料和方法

如图所示，滴管应是直管式的，另一端配有皮囊。找一根能紧紧套在滴管的滴嘴细管外的橡皮管，用剪刀剪下约3厘米长，两端要剪齐。将这橡皮管套在滴嘴管外。这就做成了一只吸珠器。

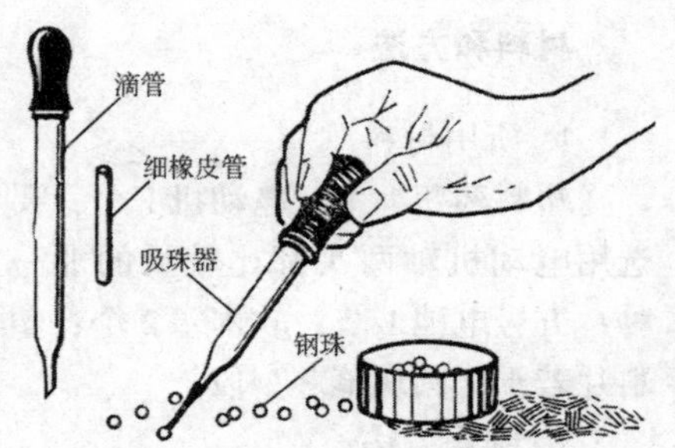

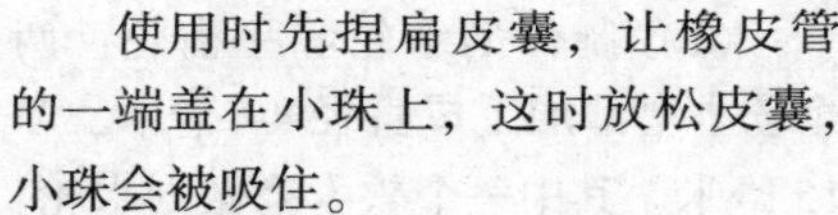
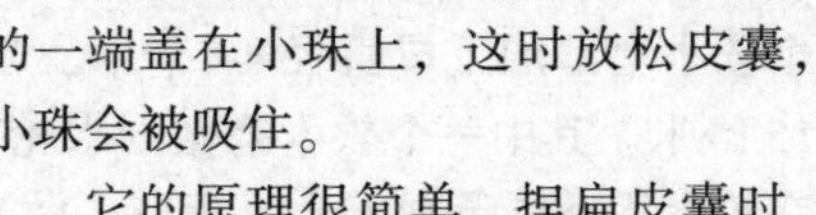

使用时先捏扁皮囊，让橡皮管的一端盖在小珠上，这时放松皮囊，小珠会被吸住。

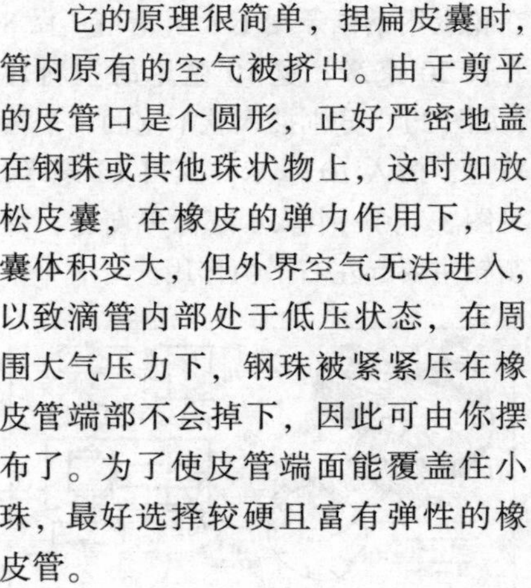

它的原理很简单，捏扁皮囊时，管内原有的空气被挤出。由于剪平的皮管口是个圆形，正好严密地盖在钢珠或其他珠状物上，这时如放松皮囊，在橡皮的弹力作用下，皮囊体积变大，但外界空气无法进入，以致滴管内部处于低压状态，在周围大气压力下，钢珠被紧紧压在橡皮管端部不会掉下，因此可由你摆布了。为了使皮管端面能覆盖住小珠，最好选择较硬且富有弹性的橡皮管。

在脸盆里航行的船

舰船模型航行，一般需要较大的水面。但这里要给你介绍的小船（见图1）却可以在脸盆里作圆周航行，很有趣味，做起来也不困难，它是废物利用的小发明。

材料和方法

1. 所用材料

塑料药瓶1个；电动机1个，要选用电动机轴两头都比较长的那一种；五号电池1节；软木塞2个；塑料片若干；圆珠笔芯一段。

2. 制作方法

（1）制作划水轮和平衡轮：两个软木塞都加工成直径40毫米、厚15毫米。其中一个软木塞做划水轮，在轮上用钢锯条锯出8个槽口。做8片长20毫米、宽10毫米的塑料片（见图2），分别插入软木塞的8个槽口里，插入10毫米，露出10毫米，见图3。另一个软木塞做平衡轮，平衡轮主要起左右平衡作用。

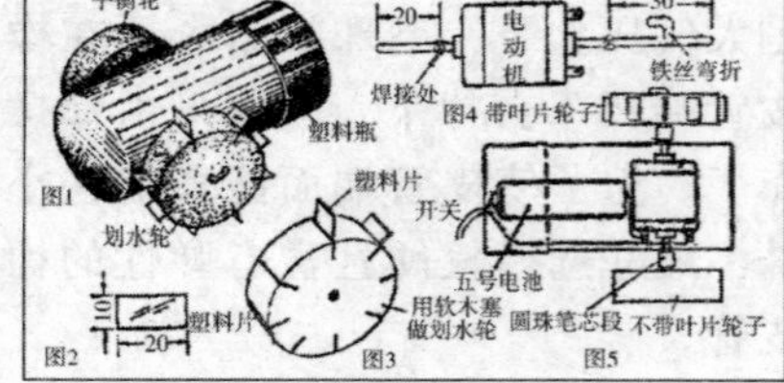

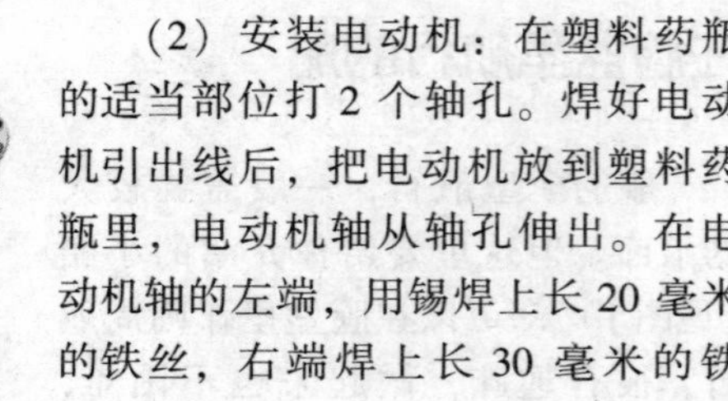

（2）安装电动机：在塑料药瓶的适当部位打2个轴孔。焊好电动机引出线后，把电动机放到塑料药瓶里，电动机轴从轴孔伸出。在电动机轴的左端，用锡焊上长20毫米的铁丝，右端焊上长30毫米的铁丝，见图4。

（3）安装划水轮和平衡轮：在电动机轴两边，套上一小段圆珠笔芯，用胶水把圆珠笔芯粘牢在塑料瓶上。在电动机轴和圆珠笔芯之间涂上黄油，用来防水。在电动机轴上再装划水轮和平衡轮，见图5。划水轮装在右端，为了防止划水轮打滑，要把铁丝弯折回来，插到划水轮上。

（4）连接电路：电动机一根引出片用导线焊接在五号电池的负极上，另一根引出片焊上一根导线，导线从塑料瓶盖的小孔伸出，刮去漆皮，作为电源开关的一头。五号电池的正极也焊接一根导线，导线也从塑料瓶盖的小孔伸出，刮去漆皮，作为电源开关的另一头，见图6。

这样，小船就做成了。它的原理是：把伸出的导线扭接起来，电动机就带动划水轮和平衡轮旋转起来。把小船放到盛满水的脸盆里，小船就会不断转弯航行。这是因为左右轮是不同的。左边平衡轮推进作用很小，主要起平衡作用。右边划水轮上有叶片，旋转的时候不断向后拨动水，水就给叶片反作用力，推动小船右边向前。于是，小船就不断地作逆时针方向转弯航行。

小火箭

做完火柴火箭，再来做一个弹

力小火箭吧。

材料和方法

1. 准备好材料：塑料吸管 1 根，卡纸，橡皮泥，小弹簧 1 根，钢皮易拉罐 1 只，自行车钢丝和一块 100 毫米×50 毫米的木板，小钉子 2 只。

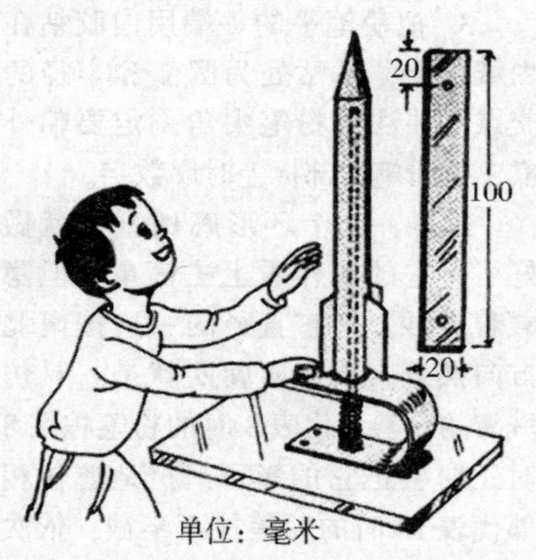

单位：毫米

2. 从易拉罐上剪取一条 20 毫米×100 毫米钢皮，按图两端分别钻直径 3 毫米的小孔。

3. 将自行车钢丝插在木板上，按图示套入薄钢片和弹簧，然后将钢皮的一端用铁钉固定在木板上，做成发射架。

4. 用卡纸剪 4 个机翼固定在塑料吸管下端，使底部形成“十”字形。最后再用橡皮泥插在塑料吸管的顶端做成火箭。

玩的时候，把火箭在发射架钢丝上，用手按住弹簧钢皮下压，然后放开，小火箭就会自动弹出，比起火柴火箭，是不是更好玩，也更安全？

易拉罐日晷

日晷是利用太阳投射的影子来测定时刻的装置，又称“日规”。用几只易拉罐做一只圆柱形日晷造型别致，也很有研究价值，不妨一试。

材料和方法

1. 取 3 只易拉罐。

2. 第一只易拉罐剪去底部，并在罐壁纵向开一条狭缝（图 1）。

3. 第二只罐要选用深色的，罐底靠下边沿部分划分成 6 等份，在等分线下端用针尖刺刻上代表月份的数字（图 2）。

4. 第三只剖开后取铝皮，剪出一只尾巴较长的小乌龟造型，尾巴最好卷成细管、略加弯曲，小乌龟

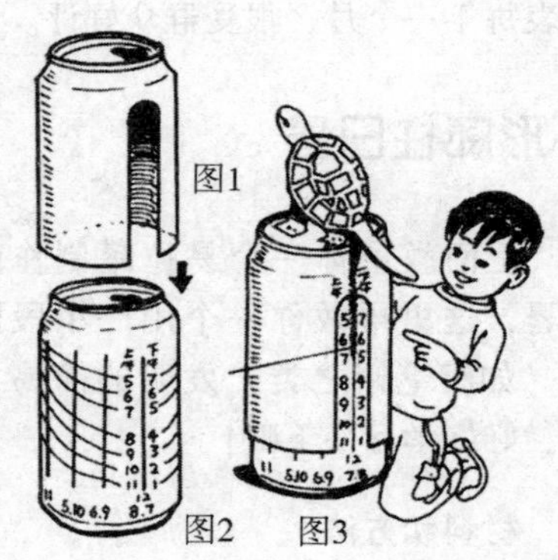
图1

图2 图3

身上的立体轮廓可用笔杆摩擦后得

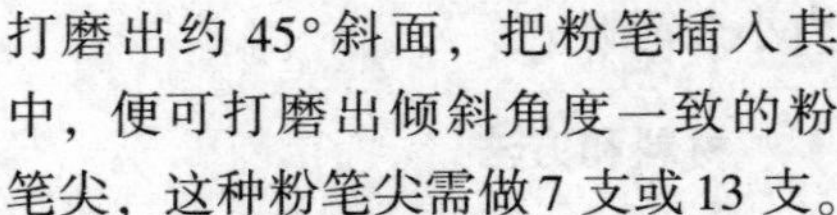

到（图3）

5. 装配时，把小乌龟四足摊成水平状态，用小号自攻螺钉把四足紧固在第一只罐的顶部，尾巴要正对狭缝，并且伸出一段。然后把这只开缝罐套在第二只易拉罐外面。

6. 标上时间刻度，内罐先不动，只转动外罐，使狭缝对准所标定的月份数字上。再内、外罐一起转动，使小乌龟尾巴的影子完全投射在狭缝内，影子垂直向下，不整不扭（立体几何上称投影），用针尖刻记痕，记录时序及影子的最低位置。完整的投影刻度线如图2所示。

这具日晷的科学价值在于：

1. 用圆弧面代替平面作日晷刻度表面。

2. 用日影的高低来测定时间，改变了用日影角度来测定时间的老办法。

3. 更便于做成城市雕塑，国内有十二生肖铜柱日晷群，每个日晷代表每年一个月，很受群众好评。

环形廊柱日晷

上面教了你一个易拉罐制作的日晷，这里再教你一个用一小段圆管（如废笔帽之类）发明的简易日晷，好好学习一下吧！

材料和方法

1. 找一个废笔帽，把它的一端打磨出约45°斜面，把粉笔插入其中，便可打磨出倾斜角度一致的粉笔尖，这种粉笔尖需做7支或13支。

2. 在一块硬纸上覆贴一层白纸，剪成像量角器那样的半圆形，上面画出7条（或13条）半径线，彼此相邻的半径线夹角为30°（或15°）。

3. 把粉笔平的一端用白胶粘在白纸板上，粘贴处为圆弧和半径的交点，并注意粉笔尖角一定要朝外靠，在粉笔根部标上时序数字。

这样，这个环形廊柱日晷就做好了。它的制作看上去简单，但隐藏着奥妙。把它直径的一边按南北方向摆好，圆弧面朝西就是一具仿城雕的日晷。代表8时的粉笔柱在8时正时会把它的影子严严地遮住相邻代表10时的粉笔柱下半截，依次类推。一天中，日影由西转向东，柱影也从靠南的第二根开始，每隔2小时向北移动1根柱位，到日落前柱影便投到最北的那根粉笔柱上。

学习素描的关键是看准物体的明暗层次变化，这个日晷在光的投射之下，柱顶明暗层次比较容易分辨，有4~7个由亮到暗的层次供你临摹，因此这个小制作又是初步学习素描的简易学具。

自制水平仪

家里放置家具、电器的时候，

常常需要放平了，可是地面并不是完全平整的时候，该怎么办呢？这里教你制造一支水平仪，放在家里，关键时刻就派上用场了。

材料和方法

1. 找一支装药片的圆柱形、透明的玻璃瓶，向瓶内灌清水，但不要灌满。

2. 盖上瓶塞后，瓶内有一个气泡，将瓶子平放在桌子上时，可以看到气泡总是跑到玻璃瓶的一端。

一支水平仪就这样制好了，现在用它来检查一下你家冰箱放平了吗，将水平仪放在冰箱平面的一条边的中点上，看气泡的位置如何，如果气泡没在瓶子中央，说明平面不水平，用在冰箱底部用砖头或木楔、硬纸卡之类的东西垫一垫，一直调到气泡在玻璃瓶水平仪的中点为止。再将玻璃瓶水平仪放到垂直于前面的位置上，看气泡的位置，方法如前。调好之后，再将玻璃瓶水平仪放到第一次的位置上，检查一下是否已水平。

喷气快艇

我们可以用金属小铁盒（扁罐头盒、金属肥皂盒均可）、空铁筒（或圆罐头盒）、两根铁丝、几节蜡烛头这些材料发明一只“喷气船”，可以自己玩，还可以和朋友们来进行比赛。

材料和方法

1. 先在铁筒里面装一些水，注意水量不得超过铁筒容量的1/3。再把铁筒用一个盖或是别的东西堵死，不让里面的水流出来。

2. 再在盖上钻一个小眼，用铁丝把铁筒固定在金属小铁盒上。

3. 在铁筒下面放2～3节蜡烛头，点着蜡烛头以后，铁筒里的水过一会儿就会烧开，蒸汽就会从小眼里喷出来，推动小铁盒向另一个方向前进。

于是“喷气船”就做好了。如果几个小朋友每人都做一只这样的喷气船，就可以做一个“赛船”游戏了。当参加者的小船都开始喷气时，就可以把小船放进水里。等裁判一声令下，一撒手，小船就可以向前驶去。比比看，哪一艘船跑得最快。

用这个方法，你还可以用其他不同的材料制成各种不同的小喷气船，也可以做各种不同的游戏。

水 钟

沙子被用来沙漏当做计时工具，你有没有想过用水制作计时工具呢？现在就教你一个水钟的做法。

材料和方法

需要的材料和工具有透明的大塑料瓶，纸杯，织毛线的铁针，回形针，纸条，胶水，清水，笔，剪刀和秒表（可用装秒针的钟表代替）。

1. 沿着塑料瓶的颈部把瓶的颈部剪去，使瓶成为圆桶状。

2. 用 4 枚回形针分别将 4 根铁丝固定在瓶口，呈“井”字形支架。

3. 胶水把长纸条粘贴在瓶外壁上做标签，先用笔在纸条下部画一记号，然后往瓶里加清水至记号处。

4. 把一只纸杯放在“井”字形支架上，倒满清水。

5. 用一枚铁针在纸杯底部扎一个小孔，杯中的水立即流出来，这时用秒表计时。水每流 1 分钟，在标签纸上画一条记号，直到所有的水全部慢慢地流出杯子。

这样，水钟就制作成功了。观察一天，看看是否准确。

玩具游戏小发明

WANJU YOUXI XIAO FAMING

前面介绍了很多实用的小发明的制作方法，这一部分将给你介绍的是同学们课余生活中最实用的小发明———一些能够自制的玩具和游戏。

同学们在学习、生活之余，需要进行娱乐活动，来缓解放松处于紧张状态的神经。所以，对各种游戏或者玩具的发明创造来代替已经被大家玩的没有太多乐趣的游戏或玩具，也是人们进行发明创造活动的重要领域。

这里的小发明大部分都用了废物利用的方法，把即将丢掉的东西变成了点缀我们生活的有趣小玩意。比起那些买来的玩具，这些小发明制作出来的成果一点也不逊色，能给同学们增加更多的快乐，乃至成就感。

I

多用升降篮球架

打篮球是一项很好的运动，小学生，甚至幼儿园的小朋友都喜欢。可是，普通的篮球架是专为成人设计的，孩子够不着。这里介绍一种多用升降篮球架可以供不同年龄的少年儿童使用。

用2根1米多长的铁管套在一起做主柱，把细管提起来，就可以升高篮球架。细管顶端装着“十”字形横梁，4个端头装着4个篮板，篮板上装上篮筐。这个篮球架可根据孩子的身高，在1.2~2米间调节高度，4个篮筐可供许多小朋友同时练球。

球门架

由于不同年龄的人身高不同，踢球时需要不同的球门，而现有的球门都是固定的、不可调的，这很不适合少年儿童玩。这里介绍一种能伸缩的足球门，它既能变大给大人玩，又可以缩小给小孩子玩，还可以当手球门使用，如图所示。

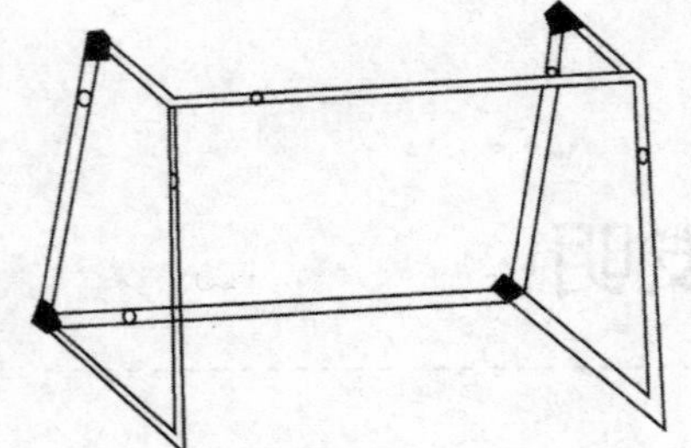

这种球门架的8个角中有6个角由螺丝钉来拧制，需要放大时，调节螺丝钉，将球门拉大；需要调小时，调节螺丝钉，将球门缩小，十分方便。这一发明不但方便了伙伴们，还获得了国家发明专利呢！

音乐手套

小孩子不喜欢戴手套，就是戴上了也经常会摘下来。小孩子生性好玩，如果手套就是玩具，他们一定会喜欢戴着玩。一个可行的方法就是将手套设计成玩具电子琴。

具体的方法是：手套的每个手指头部位装一个按键开关，用细导线与集成电路芯片连接；集成电路芯片、微型喇叭、纽扣电池安装在手套的手背部位，当左手小拇指按下时，按键开关接接通芯片中“1”发声电路，微型喇叭发出“1”的声音。十根手指分别对应音符1、2、3、4、5、6、7和高八度的1、2、3音符，手套变成了玩具电子琴。初学电子琴的小孩还能用这双手套弹奏一些简单的乐曲。

Ⅱ

简易乒乓球捡球器

和同学们一起打乒乓球时，乒乓球总会到处滚，弯腰去捡，费时费力，尤其是和刚刚练习扣球的新手玩，大部分时间都在捡球。现在，一起动手来制作一个简易、实用的乒乓球捡球工具吧。

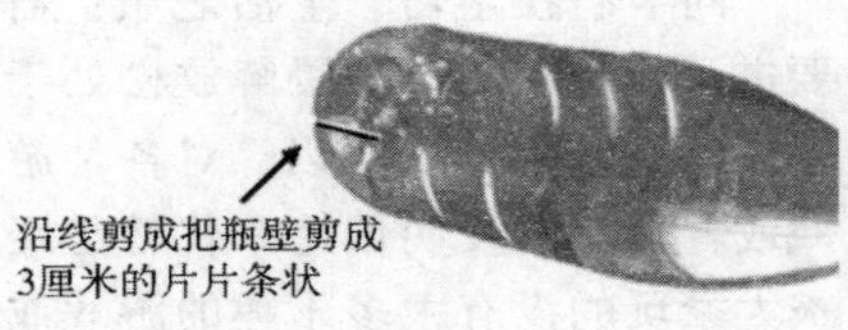

沿线剪成把瓶壁剪成
3厘米的片片条状

材料和方法

1. 准备材料：一个矿泉水瓶、一根塑料空心管、胶水。

2. 将矿泉水瓶的瓶底剪掉，在瓶底部分把瓶壁剪成3厘米的片片条状（四周向内折，乒乓球不会外掉即可）。

3. 接着在矿泉水瓶口下方也就是瓶肩处，剪一个乒乓球可以滚出来的洞，这个洞是用来方便我们取球的。

4. 将塑料空心管插进矿泉水瓶瓶口并用胶水固定，这样这个简易乒乓球捡球器就做好了。

娃娃电风扇

如图是一个娃娃电风扇。它的造型很别致，正面看是一个可爱的娃娃，背面看是一架小电风扇。把它放在书桌上，既是一件艺术品，又是一个有趣的电风扇。

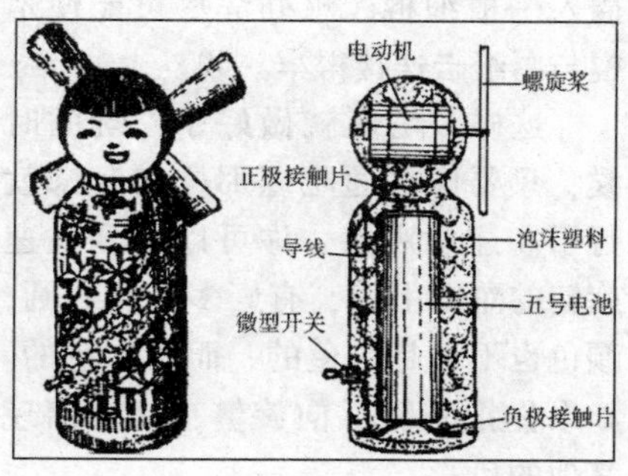

材料和方法

1. 准备材料：包药丸的塑料球1个，或者乒乓球1个；塑料药瓶1个；电动机1个；五号电池1节；微型开关1个；铁片、铜片、导线若干。

2. 制作娃娃头：用包药丸的塑料球制作娃娃头，也可以用乒乓球来代替。包药丸的塑料球本身是两半的，制作很方便。如果用乒乓球，要用小刀从接缝处分开，成为两半。在塑料球里放一个电动机，电动机的轴突出在球外，为了把电动机固定好，可以用白色泡沫塑料碎块，填塞塑料球的空隙。用铁片做一个螺旋桨，焊接在电动机轴上。焊接的时候，要用尖嘴钳夹住电动机轴，以免烫坏塑料球。

3. 制作娃娃身：用一只塑料药瓶做娃娃身，里面放1节五号电池，电池上部和底部放电池夹。开关安装在塑料瓶侧面，用导线把开关、电池夹、电动机连接起来。用泡沫塑料碎块填塞在电池的周围。

4. 制作开关：电源开关可以采用现成的微型开关，也可以自己制作。比如用一副揿钮做开关；用两块铜片做开关；或者把开关装在瓶塞上，朝左旋是开，朝右旋是关。

5. 装饰：把头部粘在塑料瓶盖上，盖上瓶盖，在头部画一个娃娃脸。在塑料瓶上画上喜爱的图案。如果是透明的塑料瓶，还可以在里面衬上花花绿绿的糖果纸。这样，娃娃电风扇就做成了。

使用时，把电源开关扳到开的位置，螺旋桨旋转，一股股清风就徐徐向你吹来。把电源开关扳到关的位置，电动机停转，只要转一下瓶子，一个可爱的娃娃就对着你微笑。

自制羽毛球

打羽毛球是一项老少皆宜的运

动，但是羽毛球很不禁用，总买又是一项不小的开支，所以，不如自己动手发明一个吧。

材料和方法

1. 准备材料：一只空饮料瓶，两只泡沫水果网套，一根橡皮筋，一只玻璃弹子。

2. 取250毫升空饮料瓶一只，将瓶子的上半部分剪下。

3. 将剪下的部分均分为8份，用剪刀剪至瓶颈处，然后，将每一份剪成大小一致的花瓣形状。

4. 将泡沫水果网套套在瓶身外，用橡皮筋固定在瓶口处。

5. 将另一只泡沫水果网套裹住一粒玻璃弹子，塞进瓶口，塞紧并露出1厘米左右。

6. 剪下半只乒乓球，将半球底面覆在瓶口上，四边剪成须状，盖住瓶口后用橡皮筋固定住。

7. 美化修饰后，一只自制羽毛球完成了。

彩色陀螺

这是一个小朋友们既熟悉又陌生的游戏。说它熟悉，是因为它就像一个陀螺一样——谁没玩过陀螺呀！说它陌生，那是因为它和一般的陀螺又有些区别，而这些区别，会让你觉得十分有趣。

材料和方法

1. 准备材料：一张白纸卡，一个圆规，一把剪刀，一支钢笔，一支毛笔，墨汁或颜料，一根细棍。

2. 先用墨汁在白纸卡上画一个大小跟你平时玩的陀螺直径差不多的圆盘。

3. 把这个圆剪下来，并在中心插入一根细棍，想办法尽可能使木棍与白纸卡连接得牢一些。

这样，陀螺就做好了，玩的时候，只要像普通陀螺那样转起来就行了。注意观察，你可以看到飞速旋转的陀螺上面，有好多个同心圆，颜色也不再是黑色的，而是彩色的。如果你把陀螺反向旋转，又会出现其他的色彩。

哨　盘

这里教你做的哨盘是个会发出哨声的圆盘，做一个，看你能不能明白它的原理。

材料和方法

1. 准备材料：卡片纸，棉线绳，塑料吸管，铅笔，圆规和剪刀。

2. 用圆规在卡片纸上画一个直径为100毫米的圆，剪下，作为哨盘。

3. 在哨盘边沿用铅笔尖扎8个

小洞，在盘中心的两侧用铅笔尖扎2个小洞。

4. 把棉线绳穿过中间2个小洞，将绳的两端合起来打死结。

5. 把哨盘移到绳的中央，旋转几圈，然后拉紧，它就转动了。每拉一次绳子，你都加了力，在绳子卷紧和放松时，哨盘再次加速旋转。

现在，通过塑料吸管向哨盘上的洞吹气，听到哨声了吧！这是由于旋转的哨盘切断吹入哨盘的气流，产生了声波，哨盘发出奇特的呼啸声。如果改变哨盘旋转的速度，声音还会忽高忽低地变化呢。

“动力摆”玩具钓鱼

这里介绍一个“动力摆”的玩具。当摆受到外力推动时，它就开始摆动。由于惯性作用，又延长了摆动时间。把摆装置在钓鱼玩具上，一定很有趣。

材料和方法

1. 按图用直径约1毫米的细铁丝做一只底座支架，支架两边的小环要对称。

2. 按图用直径1.3毫米铁丝弯制一个搁置双摆，下端分别弯成小钩。

3. 按图把卡纸对折，画钓鱼人的侧半身影，剪下，分开摊平，沿

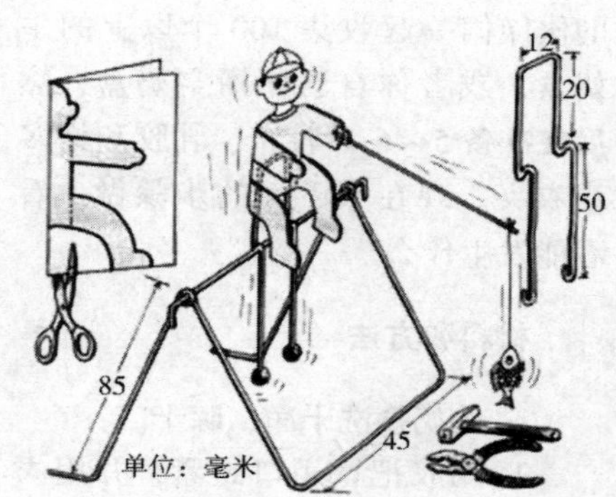

虚线把手和脚向前折成坐姿后，贴牢在双摆下方。在小钩上捏两团橡皮泥（也可以用铁螺帽等重物）做摆锤。

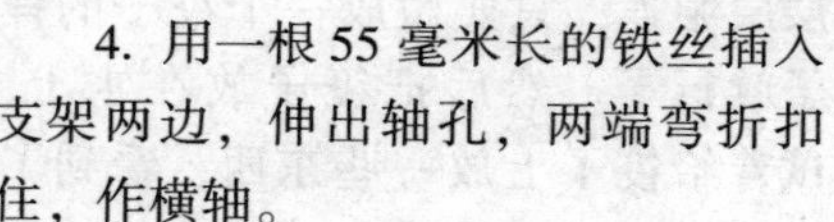

4. 用一根55毫米长的铁丝插入支架两边，伸出轴孔，两端弯折扣住，作横轴。

5. 用纸画条鱼，剪下。用直径约0.5毫米的细铁丝和棉线做钓鱼竿，粘在钓鱼人手上，最后把双摆搁置在横轴上。调整好重心，使钓鱼人坐在横轴上不会倒下来。

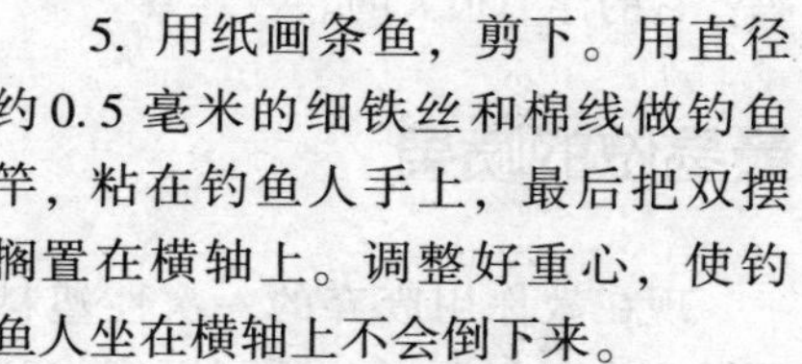

玩时，用手指轻碰一下摆，双摆摆动，钓鱼人随之前后摆动，好似在钓鱼。钓鱼人摆动的快慢，决定于摆的长短，如果把摆杆延长，钓鱼人摆动起来动作就慢，反之就快。

牛奶盒浮筏

小小的牛奶盒也有妙用，和你

的伙伴们一起收集 100 个以上的牛奶盒，或者你自己积攒空奶盒，然后在准备 5 ~ 6 只胶布、乳胶和许多小衣夹。现在照下面的步骤做，看看能发生什么。

材料和方法

1. 牛奶盒洗干净，晾干。

2. 用胶把饮用口封紧，并用衣服夹夹住。

3. 用胶布缠绑牛奶盒，将它们逐个连接起来。当然，你也可以通过各种各样的连接方法，将牛奶盒层层缠连，只要做成一个筏子的样子就行了。然后把筏子放在水上，试着给筏子上放一些东西，看到了吗？它的浮力很大的。

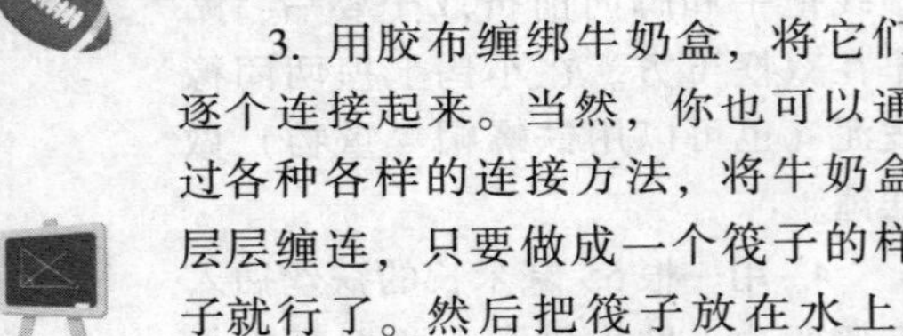

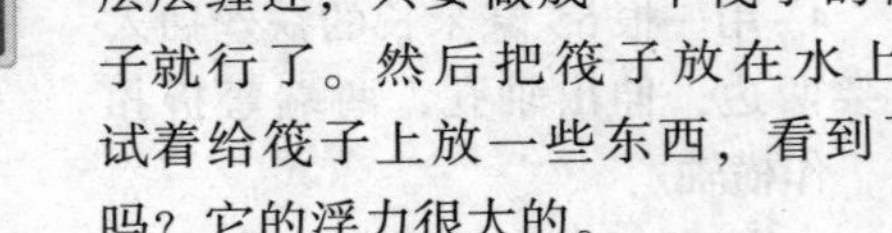

最易做的喷泉

现在教你用废弃的一次性塑料杯做一个喷射玩具，既可以废物利用，又得到一次愉快的小发明制作。

材料和方法

1. 找两只一次性塑料杯，用透明胶带口对口粘在一起，把上面的杯底剪去，再在杯身钻一环一环的小孔。

2. 倒一些水进去，此时就会出现几排交错的水流，如果再想要一些动感的话，在杯口上装一只小小的手电筒，光照在喷泉上，极富魅力。

瓷砖版画

家里装修都会剩一些材料，如瓷砖等，整块的还可以退掉，经过裁剪的小块的就不能用了，只好扔掉了。其实，只要动动脑，还是可以废物利用的。这里就教你一种在瓷砖上绘制图画的方法。

材料和方法

1. 准备材料：白瓷砖、油漆、硬卡纸、胶水、剪刀或刀片、小油漆刷。

2. 裁一张与瓷砖大小相同的硬卡纸，在卡纸上画上图样，然后剪去图像不需要的部分。

3. 在卡纸上涂上胶水，粘到瓷砖上。要将卡纸贴正，并且注意凡剪刀剪过的卡纸的轮廓线一定要与瓷砖粘结实，不能有缝隙。

4. 胶水干透后，将油漆涂在卡纸上挖空的地方。

5. 油漆干透后，把粘有卡纸的瓷砖放在水中浸泡，待卡纸能脱掉后，去掉卡纸。

6. 图案轮廓线上不光滑部分，用刀片进行修理。

小提示：用油漆上色既可以使用一种颜色，也可以使用多种颜色，

风格不同，意境也不同，不妨用多种方法试一试。

发射铅笔

现在，给你一个在同学面前表演的机会——发射一支铅笔。

材料和方法

1. 准备一只瓶口很小的装矿泉水的塑料瓶，瓶壁要有一定硬度。

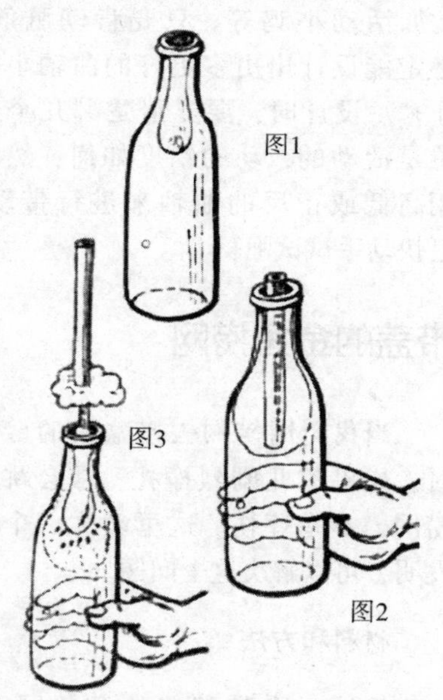

图1

图3

图2

2. 在离底部不远的瓶壁上钻一个约5毫米的小孔。

3. 将一只小气球塞入瓶内，把它的吹气口留在瓶外，反套在瓶口上（见图1）。

4. 用嘴向瓶里的气球吹气，当气球膨胀到一定程度时，用右手拇指堵住瓶壁上的小孔，嘴离开瓶口。

5. 让瓶口朝天，把事先准备好的铅笔放进瓶里，要让铅笔的一头留在瓶口外（可用长些的铅笔，见图2），然后移开堵住小孔的手指，铅笔顿时被射上空中（图3）。

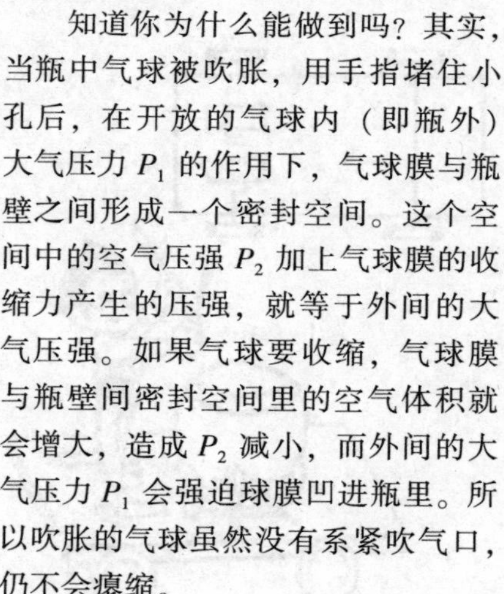

知道你为什么能做到吗？其实，当瓶中气球被吹胀，用手指堵住小孔后，在开放的气球内（即瓶外）大气压力 P_1 的作用下，气球膜与瓶壁之间形成一个密封空间。这个空间中的空气压强 P_2 加上气球膜的收缩力产生的压强，就等于外间的大气压强。如果气球要收缩，气球膜与瓶壁间密封空间里的空气体积就会增大，造成 P_2 减小，而外间的大气压力 P_1 会强迫球膜凹进瓶里。所以吹胀的气球虽然没有系紧吹气口，仍不会瘪缩。

手指一旦放开小孔，气球膜与瓶壁之间的空间不再密封，拉伸的球膜马上自动收缩，把铅笔发射出去。

阿童木击鼓

机械中的曲轴在小制作中能发挥很大的作用。利用曲轴转动时，曲轴上的物体上下翻的原理设计的阿童木击鼓就是很好的例子。

材料和方法

1. 找一块三合板，把它锯成长方形，并挖 2 个长方形孔，用砂纸磨光。

2. 找 2 个细铁丝，1 根做前车轴；1 根做成双动曲轴（如图所示），做后车轴。

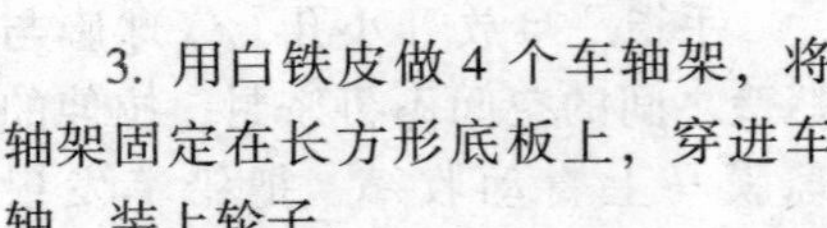

3. 用白铁皮做 4 个车轴架，将轴架固定在长方形底板上，穿进车轴，装上轮子。

4. 在硬纸板上，分别画出小童木的身子和两个手臂，沿线剪下来就成了这个玩具的主角——阿童木。

5. 把阿童木的手臂和身体用细铁丝连接起来，使手臂能自由摆动。

6. 再用 2 根细铁丝，分别将手臂和曲轴连接起来。

7. 接下来拿一个乒乓球制成小鼓，先把乒乓球上下各剪掉一些，再在剪去部位糊上牛皮纸就成了一只鼓了。

8. 最后，把这只鼓放在小童木的正前方上（如图所示），一个会击鼓的阿童木就诞生了。

使用方法：推动小车，使双动曲轴一上一下翻动，由铁丝带动阿童木手臂，一上一下挥臂击鼓。

利用曲轴还可以制作许多玩具，比如活动小鸡等。只要肯动脑筋，必定能设计出更多更好的曲轴小制作来。设计时，要弄清楚哪几个部位是活动的，动的幅度如何，然后用高低或正反的曲轴来进行带动。赶快动手试试吧！

带盖的金鱼捞网

当我们用捞网去捞盆里的金鱼时，如果鱼儿剧烈挣扎，常会跳出捞网，不幸摔伤。这里教你一个小发明，可以解决这个问题。

材料和方法

设计一个带翻盖的金鱼网兜，翻盖与藏在网杆里的连杆相连，用大拇指控制。捞鱼时打开翻盖，鱼儿落网后让翻盖关上，金鱼就不会跳出来了。

水獭夺鱼

水獭是食鱼的哺乳动物，它的皮毛却是御寒的珍品。这里教你做的“水獭夺鱼”是利用废弃物做的玩具，造型很别致，玩起来也十分有趣。

材料和方法

1. 需要的材料：塑料药瓶，塑料垫板，直径1.2毫米左右的铁丝，橡筋圈，竹签，废弃打火机盒，线。

2. 找两个大小相同的塑料药瓶，近瓶底处相对钻两个直径3毫米A、B孔，再在瓶盖中心钻直径2毫米孔为C孔。

3. 用塑料垫板剪两个水獭尾巴，用玻璃胶包粘在A、B孔之间。

4. 用直径1.2毫米铁丝一端弯个环，套根橡筋圈扣牢。

5. 将铁丝连同橡筋插入瓶中，铁丝盖孔穿出，旋紧瓶盖，A、B孔中插入竹丝，两端各伸出瓶体8毫米，并将伸出部分用小刀劈开。

6. 用塑料垫板剪4片鳍，分别夹在劈开的竹签里，用胶水粘牢，瓶盖铁丝上套一段10毫米长塑料管。

7. 再用一只废弃的打火机，将铁丝相对扎在打火机中间两侧不让移动，用塑料垫板画条鱼，剪下，粘在打火机上。

玩的时候，用左手持下方小瓶，右手持上方小瓶，向相反方向旋约50次，放在水盆里，松开手，两只小瓶各自朝左自转的同时又围绕着小鱼旋转，颇像两只小水獭争夺一条鱼，好玩极了。

高空倒立杂技

这里教你利用电磁效应发明一个有趣的小玩意儿。

材料和方法

1. 取火柴盒（或类似的纸盒）一只，用直径0.47毫米的漆包线(或用直径0.5毫米左右塑料电线)，在盒的一端整齐地密绕成线圈。每绕好一层，包一层薄纸，一共绕4层，绕完以后再包一层胶布固定线圈，以免松脱。

2. 按图1用直径约0.5毫米细铁丝弯一个“活动铁芯”，用一枚大头针串入铁芯的小孔。

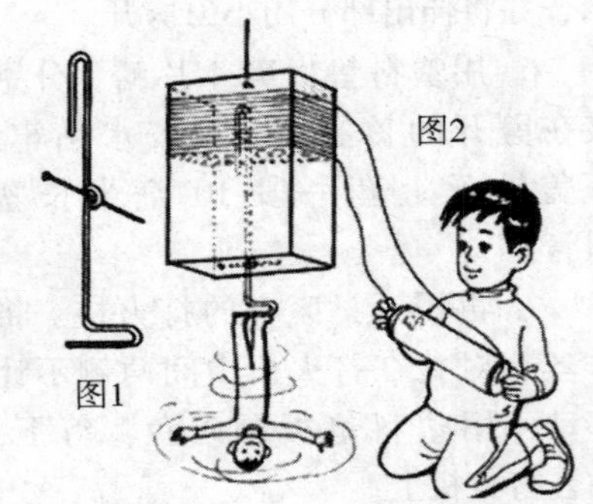

3. 按图 2 放入盒内，使铁芯垂直于盒中。接下来在薄纸上画一个“杂技演员”，涂色，剪下后粘贴在铁芯横杆下端成倒立姿势。

4. 将线圈盒挂起。

玩的时候，取 1 节电池，把线圈一头用胶布贴牢在电池的负极，另一头导线用手拿着，和电池正极一会儿接触，一会儿离开。使线圈一会儿通上电流，一会儿切断电流，这样线圈中时断时续地产生磁性，将盒中的铁芯不断被吸引而向左、右摆动，演员表演了惊险而有趣的动作。

如果用 2 节电池串联起来，电流增大了，磁性更强，演员摆动的幅度也随之加大。

鸡蛋壳脸谱

鸡蛋的营养丰富，是人们很爱吃的食品。不过，这里要教你的是一个让鸡蛋壳变得更美丽的小发明。

材料和方法

1. 准备材料：光滑有规则的鸡蛋（是指鸡蛋能在桌上成直线来回滚动）2 个；黑纸和红纸各 1 小张；针、剪刀、胶水。

2. 在鸡蛋两端用针各凿开 1 个口，再用剪刀把口弄大些，并使两个口子一大一小。

3. 把嘴对着小口小心吹气，将蛋清、蛋黄从大口挤出来，然后用清水清除壳内残留的蛋清。

4. 把黑纸和红纸对折，用铅笔在纸上画一个月牙形，剪下。黑色月牙代表眼睛，需要剪 4 个；红色月牙嘴唇，需要剪 2 个。

5. 把剪好的月牙贴在蛋壳上，如果要粘一个笑脸，把月牙两角朝上粘成嘴巴，两个眼睛的眼角朝下粘；如果反过来粘，就成了一张哭丧的脸。

6. 最后再在脸的两侧画上耳朵，鼻子可以不画。一个有趣的蛋壳脸谱就做好了。

不肯分离的鸭子

在生活中我们可以用“同性相斥，异性相吸”的原理发明很多有趣的玩具。这里教你制作一对不肯分离的鸭子。

材料和方法

1. 割 2 块 30 毫米 ×30 毫米 ×10 毫米的泡沫塑料块，中间各割一条缝。用铅画纸画 2 只小鸭子，剪下后嵌入塑料块的缝中。

2. 用 2 根 50 毫米长的缝衣针，钢针分别在磁钢上反复摩擦，使它们带有磁性，互相吸引，再把带磁的钢针分别插到两块泡沫塑料中心去。

3. 把做好的两只小鸭放到盛水的盆里，可以发现它俩始终紧紧相依游在一起，不肯分离。你如果把它们拉开，它们会很快又重新靠到一起，非常有趣。

牛奶橡皮玩具

化学告诉我们牛奶中的酪蛋白，加热冷却后会硬化形成了像塑料一样的固体。最早的塑料就是用牛奶和植物制成的材料，这里有一个利用这个原理发明的橡皮玩具，你也来试试吧！

材料和方法

1. 准备材料：制作牛奶橡皮玩具只需要半杯牛奶、一个浅底锅、一个小罐子、几勺醋就够了。

2. 把牛奶倒进浅底儿锅，用火加热，并用筷子不断搅拌，直到牛奶形成块状。

3. 慢慢倒掉漂在牛奶上层的较清的液体，把凝结在一起的块状牛奶放进小罐子，再加入几勺醋。

4. 1 个小时后，一个小橡皮团形成了。

你可以发挥想象力，把它捏成各种形状的玩具，等干了以后，还可以给它涂上颜色。

海豹顶球

这里教你做一个小玩具，可以用来哄你身边的小朋友。

材料和方法

1. 制作材料和工具：牙膏盒 1 个，黄色卡纸、白色卡纸、广告纸各 1 张，502 胶水 1 瓶，白乳胶 1 瓶，螺丝帽 2 个，剪刀、水彩笔、圆规。

2. 在黄色卡纸上用圆规画出两个大小一样、直径与牙膏盒长相等的半圆，剪下后，用白乳胶把两个半圆贴在牙膏的两面，两边要对齐。

3. 把广告纸上的精美图案剪下来，粘贴在半圆上作为纸盒外部的装饰。

4. 用水彩笔在白色卡纸上画出“海豹顶球”，涂上颜色，固定在纸盒的上面。

5. 用 502 胶水把两个螺丝帽粘

在牙膏盒里面的下方，作为重心。

玩法：用手指拨动一下纸盒，海豹就会前后摇晃，开始表演顶球。

喷水瓶

知道如图是做什么的吗？其实，这是一个用饮料瓶和竹管做成的小玩具。当水瓶灌满水之后，就会喷出水来并不断旋转，形成一环水帘。非常有趣，一起试试吧！

材料和方法

1. 先准备一个装饮料的空塑料瓶和一根直径20毫米、长250毫米的竹管，饮料瓶最好用容量较大的，这样盛水多些。竹管最好选两头有竹节的，制作时先在竹管两端中间按图1锯2道锯缝，再用刀削去上面半截（用刀操作要注意安全）。

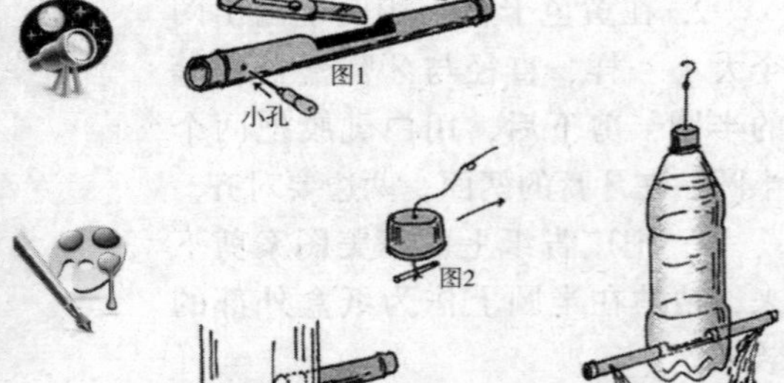

2. 在竹管两端靠竹节的地方反方向稍偏上方各钻一个5毫米的小孔，如果竹管两头没有竹节就做两只橡胶或软木塞封口。

3. 旋下盖，在瓶盖上钻一个直径2毫米的孔，穿过一段500毫米长的尼龙绳，下面缠一根直径4～5毫米、长15毫米的竹签（图2）。

4. 在饮料瓶下端两侧对应位置分别钻一个直径20毫米的圆孔，按图3将竹管穿入两个孔中露出的两端长度要相等，再浇上石蜡堵住接口，不让它漏水。

5. 先用两根粗竹签插在竹管的小孔里，在瓶内灌满水，旋紧瓶盖并把尼龙绳挂在横杆上，拔掉小孔里的竹签，水从相反方向的小洞喷出，推动水瓶旋转（图4）。如果只喷水而不旋转，说明水瓶较重、水流太小，这时只要把喷水洞钻大些就可以了。

气垫转筒

用饮料瓶发明一个气垫转筒，不仅制作容易，也很好玩。在玩的过程中还能了解到一些科学道理。

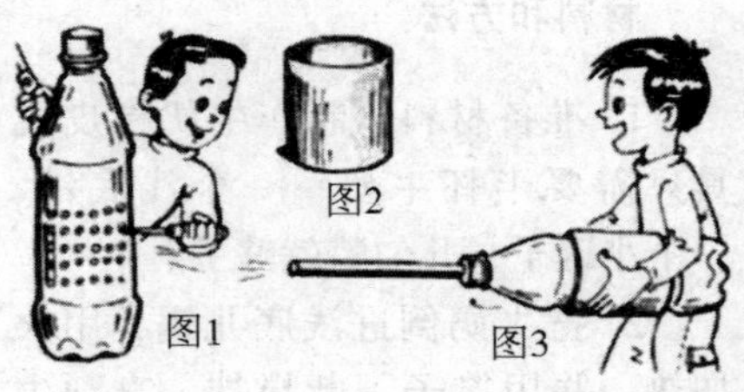

材料和方法

1. 取一个较小的饮料瓶，按图1在瓶的中间部位四周钻些小孔，要求小孔大小和间距基本一致。在钻孔时，把锥子向同一侧倾斜，形成方向相同的倾斜角度。

2. 取一张铅画纸，做一个直径比饮料瓶略粗，高约5厘米的纸筒（如图2），再将纸筒套在饮料瓶有小孔的部位上（如图3）。

3. 在瓶盖的中心处钻一小孔，将一根吸管的一端插入孔中（如图3），这个玩具就完成了。

玩的时候，手拿饮料瓶，通过吸管向瓶里用力吹气，立即放手，纸筒就旋转起来了。这是因为从饮料瓶周围小孔喷出的气流，一方面使饮料瓶与纸筒之间形成气垫，将纸筒悬空，减少了摩擦阻力；另一方面气流作用在纸筒上，推动纸筒转动。

水管跷跷板

这是一个利用平衡原理做的小玩具，你也可以放在写字桌上当装饰品，累的时候玩一玩。

材料和方法

1. 准备材料和工具：粗细均匀、直径3厘米、长度40厘米的硬塑料管1根；粗细与塑料管相当，长度5厘米的软木棍1根；软木塞2个；薄铁片2块；缝衣针1根；小钢锯、剪刀、锥子、刀子各1把。

2. 把塑料管从中间截开，分成长度相等的2段，并在每段管的上下各钻1个小孔。

3. 用5厘米长的软木棍把两段管连起来，把缝衣针从软木棍中部穿过。

4. 用薄铁片剪成2个支架和2个小人，将小人固定在塑料管两边，向管内注满水并用软木塞塞住，将缝衣针放在支架上，调节此管在支架上平衡。此时水从管下面小孔有节奏地流出，这个小玩具就做好了。

玩的时候，只要按下跷跷板的一端，跷跷板就会自动地翘起落下，两边的水轮流地滴出来，直到水全部滴完为止。注意，请把它放在一个盆里，以免水弄湿桌子。

双鸡啄米自动摆

刚做完一个猫头鹰单摆，现在再教你一个自动摆。如图所示，一个双鸡啄米自动摆，它是利用重锤的重力带动摇柄旋转，摇柄再拨动摆杆来回摆动，使装在助摆杆上的两只母鸡一来一往轮流啄食，摆就会有节奏地“嘀嗒！嘀嗒！”晃动。

材料和方法

1. 准备材料：三合板若干；长短铁丝各1根；油脂盒1块；铅块或其他重物1块；细绳1根。

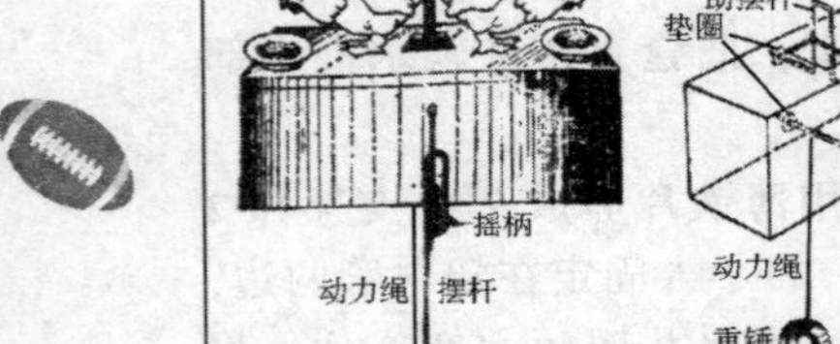

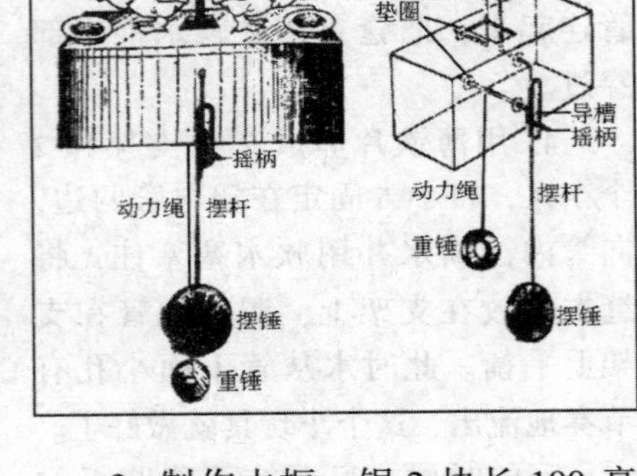

2. 制作木框：锯2块长100毫米、宽55毫米的三合板做前板和后板。锯2块长45毫米、宽55毫米的三合板做左侧板和右侧板。在前板和后板中间，各钻2个直径2毫米的小孔（注意前后板的小孔要对准）。上面的小孔做摆杆的轴孔，下面的小孔做摇柄的轴孔。把两块侧板用白胶水粘牢在后板两边，并且用小钉子加固。前板暂时不装。

3. 制作摆杆：找一根长铁丝，弯成助摆杆。短的一端套入一个垫圈，用锡焊牢，然后穿入后板上面的小孔中。长的一端也套入一个垫圈，再穿入前板的上孔中。用白胶水把前板同左右两块侧板粘好，用小钉子钉牢。再把前板背面的垫圈焊牢。摆杆轴上的两个垫圈起限位作用，限制摆杆轴的移动方向。然后把前板外面的铁丝弯成导槽。大约要剩下长200毫米的铁丝做摆杆。在摆杆的末端焊上一个油脂盒做摆锤。最后用手推一下摆锤，看一看摆动是否灵活。如果不灵活，要检查一下摆轴是否在一条直线上，两个垫圈的位置是否妨碍摆轴的来回摆动等。

4. 制作木框盖：锯一块长100毫米、宽45毫米的三合板做木框盖，中间挖一个方形孔，然后用胶水粘在木框上，并且用砂纸打磨光滑。

5. 制作摇柄。把一段铁丝弯成摇柄形状。长的一头从导槽处插入前板下孔，套入两个垫圈，然后再插入后板下孔。两个垫圈分别放在前后板附近，并且用锡焊牢，起限位作用。摇柄要在导槽中灵活转动，并且能够带动摆杆左右摇摆。

6. 安装重锤：把细绳的一头拴在摇柄轴上，另一头系一块铅块或者其他重物。

7. 制作双鸡：用一张图画纸照图中的样子画两只鸡，然后用浆糊粘贴在硬板纸上。等干透后把两只鸡剪下来，用胶水粘在助摆杆上。再用两只汽水瓶盖做饲料盆，用胶水粘在母鸡两侧。

玩的时候，一只手水平拿着木框，使重锤下垂；另一只手转动摇柄，使动力绳索绕在摇柄轴上，然后放开握摇柄的手，重锤就会下落，带动摇柄轴旋转。摇柄旋转又带动导槽左右摇摆，这时候，两只鸡一来一往啄米，同时发出摇柄和导槽之间有节奏的撞击声。这样一直到重锤下落到最低处，动力消失，摆锤停止摆动为止。

如果把它挂在墙壁上，很像一个新颖别致的挂钟，油脂盒里放些铁屑、砂粒等重物，可以使摇杆重心下移，从而延长摆动周期。

鸡蛋乐器

前面我们做了一个有趣的鸡蛋壳脸谱，现在我们再用鸡蛋做个有趣的乐器，给生活加点料。

材料和方法

1. 用小刀在鸡蛋壳小头部分小心地挖一个小孔，用吸管吸出蛋里的蛋清和蛋黄，洗净。

2. 将鸡蛋壳放到熔化的石蜡中，使其表面附上一层石蜡，用来增加其牢固性。

3. 用小刀在鸡蛋壳大头部分及中部，小心地挖几个小孔，这样就制成了一个鸡蛋乐器。

演奏时，双手捧住鸡蛋壳，嘴对着小头部分的小孔吹奏，两手轮流按住大头及中部小同的小孔，就能吹出音乐来。如果要使音乐节奏感强，需要多做几个鸡蛋乐器，在鸡蛋壳的小头部位打孔，反复调试，就能做出理想的乐器来。

转动的风车

动手来做这个小玩具——转动的风车。这只纸杯风车，只要你将它放在有风吹动的地方，便会飞快地转动起来。

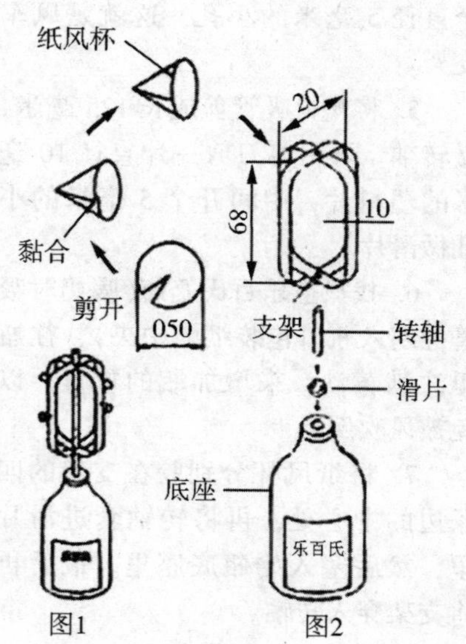

材料和方法

1. 所需要的材料和工具有乐百氏奶空瓶1只，塑料吸管1根，铅画

纸1小张，蓝色、绿色、橘红色和黄色的彩色纸各1小张，合成白胶水，直尺，铅笔和剪刀等。

2. 先熟悉图1所示的安装示意图，再动手进行制作。

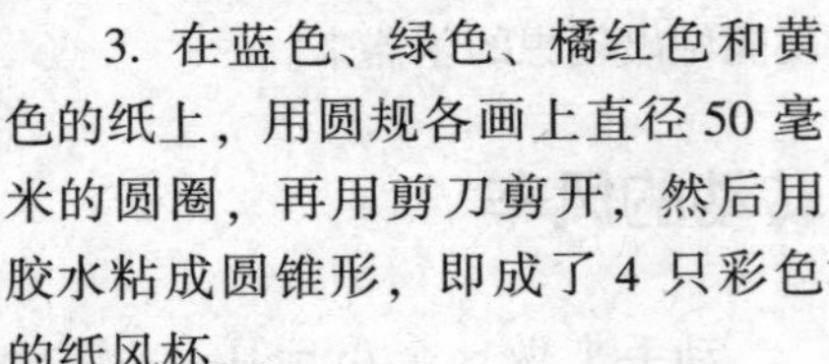

3. 在蓝色、绿色、橘红色和黄色的纸上，用圆规各画上直径50毫米的圆圈，再用剪刀剪开，然后用胶水粘成圆锥形，即成了4只彩色的纸风杯。

4. 将铅画纸剪成2张15毫米×200毫米的纸条，再将它们组成十字形黏合在一起，然后在两端各开一个直径5毫米的小孔，这就是风车支架。

5. 将塑料吸管剪成长125毫米，做转轴。再用剪刀剪一片直径10毫米的塑料片，中间开个5毫米的小孔做滑片。

6. 找只空乐百氏奶瓶(喝奶时吸管应塞入瓶口包装纸的中央)，往瓶里注满黄沙，来增加瓶的重量，以免被风吹倒。

7. 将纸风杯分别胶在支架的四条边的中心处，再将转轴套进滑片里，然后塞入奶瓶底座里。最后再将支架穿入转轴。

这样，风车就做成了。

风筝自动收线器

放风筝是个很有趣的事，看着风筝高高地飘扬在天空，心里非常高兴吧？可是等到要把风筝收回来的时候，就很难弄了。这里教你一个制作风筝自动收线器的小发明，你可要仔细跟着做哦！

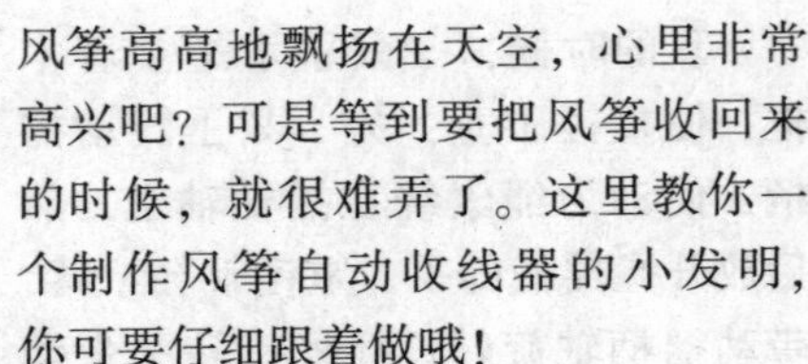

材料和方法

1. 需要准备的材料有直径65毫米小闹钟齿轮1只，70毫米×70毫米×2毫米有机玻璃板2块，自行车辐条5根，一号手电筒1只，131电动机1只，直径4毫米×90毫米铁棒1根，直径1.5毫米粗铜丝及直径3毫米螺丝若干。

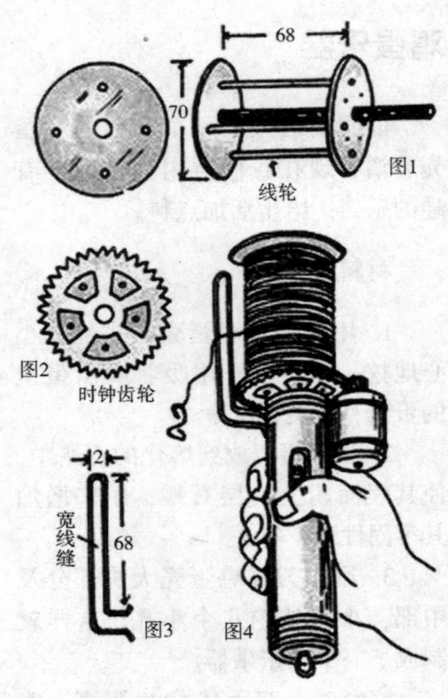

2. 将有机玻璃板加工成直径70毫米的圆盘2只，中间各钻1个直径为4.5毫米的孔，再按图1钻5个小孔，孔径以能恰恰插入辐条为好。

3. 按图1安装线轮。将铁棒的两端用绞扳绞出螺纹后插入线轮。在齿轮上钻5个小孔，并在线轮的一个圆盘上钻相应的5个小孔，用螺丝螺母把齿轮和圆盘拧合在一起（图2）。

4. 去掉手电筒的头部，把线轮插入手电筒，用螺母固定线轮，在铁棒的另一端用螺母定位。

5. 将带有短齿杆的131电动机置于电筒的适当位置，并使齿杆与齿轮啮合，然后将电动机固定在电筒上。

6. 取粗铜丝按图3折制成一个穿线架后焊接在电筒上。取细电线一段，穿入电筒接妥电路，由电筒的按钮开关控制电动机。

7. 最后在线尾拴上一个用回形针改制的线尾夹（图4）。

这样一个风筝自动收线器就做好了。收线时，右手握收线器，左手拉动风筝线，线轮飞速转动，100多米的细线很快就能收入轮内了。

自制乐器

声音是由于振动的结果。物体振动的快慢就决定了声音的高低。利用这一原理，我们可以自己制作打击乐器和吹奏乐器。

材料和方法

1. 打击乐器

取来一样大的8只玻璃杯，向里面倒不同质量的水，然后按水的多少，从少到多排队，用一根筷子击打玻璃杯，音的高低可由盛水量的多少来调节，最后调出一个8度的音阶。并且可以演奏简单乐曲。

2. 吹奏乐器

取大小质地相同的瓶子8只，分别向里面倒入不同质量的水，按水的多少排队。根据吹瓶口，瓶子发出的音调的不同，调节瓶里水的多少，最后调出一个8度的音域，我们用嘴吹瓶口而演奏乐曲。这8只装有不同水量的瓶，就会发出8种不同的音。

气压人玩具

这里教你利用气压原理做个气压人的玩具，取材容易，玩起来有趣。快试试吧！

材料和方法

1. 准备材料：塑料药瓶，废圆珠笔杆，竹片，棉线，细橡筋，铁丝，透明胶带，泡沫塑料。

2. 用废圆珠笔杆，削一段恰好

能在笔杆内滑动的圆木，中间钻小孔，穿根细铁丝，下端弯个环，环里穿根细橡筋。

3. 将小圆木从笔杆下端塞入约75毫米，把露出的橡筋反折紧贴在笔杆外壁，用透明胶带粘贴固定。

4. 笔杆下端两侧分别对称钻孔后，对穿铁丝，两端弯折扣牢。

5. 削一段竹片，钻孔。

6. 削两根竹片，在适当位置钻孔，将两根短竹夹在长竹片上，孔位对准中间穿铁丝固定。然后用泡沫塑料塑一个人头插在顶端。

7. 削两根竹片，在适当位置钻孔，下端粘片手形卡纸，细竹上粘条纸。孔内穿铁丝，两端弯折扣牢。

8. 将长竹片插入笔杆，用棉线系在笔杆上，用透明胶带固定。再在瓶盖上挖直径7.5毫米的孔，插入笔杆即可。

玩的时候，右手握瓶，手指轻压瓶壁。瓶内空气受瓶壁挤压，逼向笔杆，冲向小圆木，圆木推动竹片上升，牵动棉线，两手上翘，一压一松，气流一冲一回，气压人一蹦一跳。

彩色环

你有没有被留在家里带小弟弟、小妹妹的经历，他们动不动就哭闹，很让人头疼。现在，教你利用废弃物制作一个彩色环玩具，一定可以让他大有兴趣。

材料和方法

1. 需要的材料：一只坏的，或不用的呼啦圈（如有现成的直径约20厘米的金属环、木环或竹环都行）；几种颜色的毛径线、丝带或纸张；几种填充玩具和小铃铛等物，剪刀、胶水。

2. 在坏的呼啦圈上，截下长65厘米的一段。

3. 找一个长2厘米、可插入塑料管中的木塞，将它的一头插入塑料管。

4. 将塑料管放在热水中烫软，再将木塞的另一头插入塑料管的另一头。

5. 将彩色线或丝带缠在圆环上，一是为了安全，二是鲜艳的色彩能吸引孩子们的注意力。

6. 线头尽量压在里面。

7. 在圆环上再缠一个十字。

8. 在环上系一些填充玩具和小铃铛等物。

这样一个自制的玩具就做好了。

会跳舞的小狗

小狗是很聪明的动物，经过人的训练，它会做很多事。这里介绍制作一个模仿驯狗动作的小玩具。

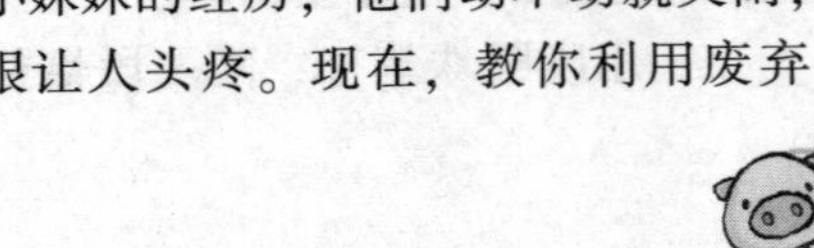

材料和方法

1. 取大号牙膏盒1只，在两侧盒盖中心分别钻1个直径约2毫米的小孔，一端作橡筋孔，另一端作拉线孔。

2. 在盒长度1/3位置的上、下两面各钻1个相互对应的孔，做轴孔。再取一支废圆珠笔芯，插入轴孔。

3. 剪2小块方形卡纸，在卡纸中心各锯1个小孔后，套在笔芯两头，紧贴盒面做加强片。

4. 用2枚大头针横向插入笔芯，使笔芯固定在纸盒上，但不要装得太紧，要使笔芯能灵活转动。

5. 用卡纸做一只小纸盒，盒面上粘一块小磁铁，要求把小纸盒推入牙膏盒时小磁铁正好贴近纸盒面下侧，且能在牙膏纸盒左、右移动。

6. 在小纸盒两头各钻1个小孔，穿一根线，两侧再打几个结，扣住。

7. 打开一侧盒盖，把一根橡筋圈剪开，一端打个结，由外向内穿入橡筋孔。将线的一端系住盒内橡筋，再在盒内笔芯上绕上六七圈。把小盒另一端线，由拉线孔穿出盒盖盖面。

8. 用铅画纸画一只小狗，涂色，剪下后对贴在笔芯上。在铅画纸上画一个小丑，剪下脚底向后折成直角。

9. 把一块薄铁片用胶水粘牢在小丑脚底。

玩的时候，一手拿着纸盒，一手拉线，一拉一放，小丑左、右走动着指挥小狗，小狗则旋转跳舞。很有趣吧！

可爱的浮水印

经常能够看到有漂亮的图案的宣纸，千万别感慨画的人手法好，其实，那不是画出来的。下面就教你这个小发明。

材料和方法

1. 准备材料：脸盆1个、宣纸1~2张、筷子1支、棉花棒1根、墨汁1瓶、水约半盆。

2. 在脸盆里倒入半盆水，用蘸了墨汁的筷子轻轻碰触水面，即可看到墨汁在水面上扩展成一个圆形。

3. 拿棉花棒在头皮上摩擦二三下。

4. 然后轻碰墨汁圆形图案的圆心处，墨汁会被扩展成一个不规则的圆圈图形。

5. 把宣纸轻轻覆盖在水面上，然后缓缓拿起，纸上就会印出呈现不规则的同心圆图形。

其实这个是利用了分子间力的一个小发明，棉花棒在头皮上摩擦所涂上的少量油，就会影响水分子

互相拉引的力量。

你可以想想有没有其他的方法，改变水面上墨汁的图形。

自动跷跷板

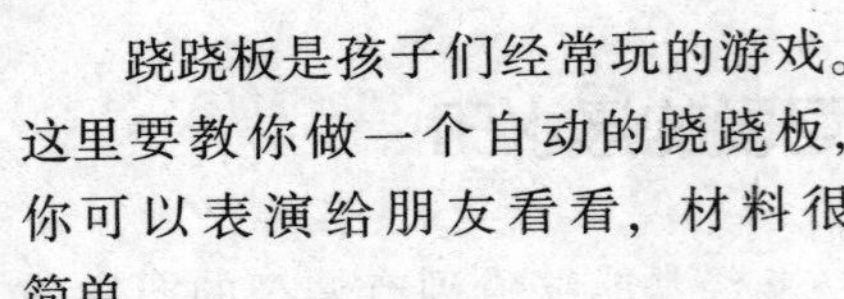

跷跷板是孩子们经常玩的游戏。这里要教你做一个自动的跷跷板，你可以表演给朋友看看，材料很简单。

材料和方法

1. 取一小段圆珠笔芯管，在中间垂直于轴线穿入1根缝衣针，在笔芯管的两端各插1只去掉头的铁钉，使钉尖朝外。

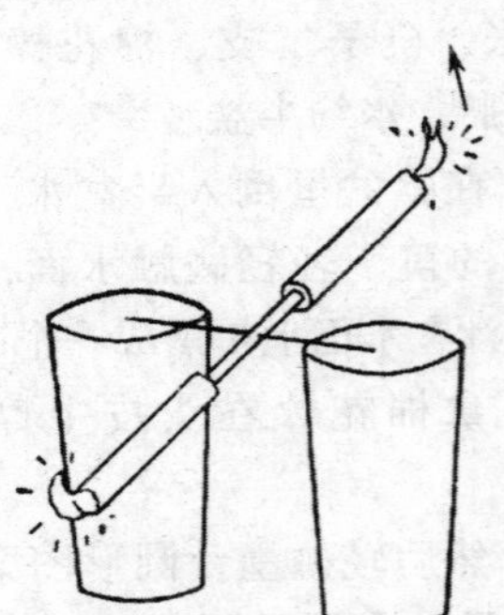

2. 再选2支小蜡烛（生日祝寿的）固定在笔芯管两端的针尖上。把这样的杠杆放在2只玻璃杯上，就成了一个跷跷板，如图所示。

表演时，把两端的蜡烛点燃，你就可以看到这个带火苗的跷跷板往复地翘个不停。你能说明它的原理吗？制这种跷跷板时，要选比较细的蜡烛，为什么要这样呢？

椰岛风光

用卷笔刀卷出的铅笔皮，看起来似乎没什么用了，都被丢到垃圾桶了。其实，根据它不同的木纹、颜色进行构思和组合，还可以创作各种具有艺术魅力的风景贴画呢。现在就动手做一个“椰岛风光”吧！

材料和方法

1. 准备工具和材料：卷笔刀、镊子、剪刀、白胶、不同色彩的六角型铅笔头、吹塑纸、废饮料瓶、杨梅核等。

2. 画：把构思好的图稿——“椰树”浅淡地描绘在白纸上。

3. 卷：根据图样要求选用深紫色六角型铅笔头，用卷笔刀慢慢地卷出一条条铅笔皮备用。

4. 剪：按椰树树干要求，将铅笔皮剪成一节节，整齐地粘贴成椰树树干。再用绿色饮料瓶剪出椰树叶，用黑色的饮料瓶底剪出小岛。

5. 贴：剪取适当大小的吹塑纸一张作底板。然后依次在上面粘贴小岛、椰树、远山和人物等。

这样，铅笔皮贴画——“椰岛风光”就做成了。用同样方法，你还可以制作“孔雀开屏”、“舞蹈演

员”等，自己构思、创作出更新更美的作品来。

如意罐

一个普通的罐子放在平地上，向前一推，就朝前滚，越滚越慢，最后停下。但我们制作的如意罐放在平地上，猛力向前一推，就滚起来；当它停止前进后，又会乖乖地往回滚，非常有趣。你知道这是为什么吗？试着做一个找找原因吧！

材料和方法

1. 准备材料：茶叶罐、钉子、螺母、橡皮筋。

2. 在茶叶罐盖和底各凿2个孔，两孔相距1～2厘米，穿一根皮筋，以“8”字形把皮筋穿过4个孔。

3. 把皮筋的两端结在一起。将螺母系在皮筋中央。

这样，如意罐就做成了。把如意罐放在硬实、光滑的水平面上向前滚动，观察它滚动的情况。你会发现，如意罐滚出一段距离后，会向回滚。

这是因为，如意罐在向前滚动中，利用螺母重量产生的惯性，使橡皮筋绞紧，这样就储存了弹性势能，阻止罐子向前滚动。在这个过程中，罐子的动能转化为橡皮筋的弹性势能。然后橡皮筋的弹性势能又转化为罐子的动能，罐子又往回滚动。在弹性限度内，物体的形变越大，产生的弹力就越大，物体的弹性势能也越大。

因此，要让如意罐滚动的总距离尽可能大，就要使橡皮筋在滚动的过程中，发生最大弹性形变。这可以从下面3个方面来考虑：

1. 橡皮筋的弹性势能越大，则转为如意罐的动能越多，从而使如意罐滚动的距离越大。

2. 螺母在这个实验中的作用，首先是使如意罐保持重心稳定。当橡皮筋松下来时，如意罐向前滚动，螺母的重力使橡皮筋反方向拧紧，最终导致如意罐神奇地回头跑。

3. 推动罐子的力要大，这样，罐子最初具有的动能就大了，滚动的路程也更长。

爬树的小猴

你喜欢看小猴爬树吗？很多人都喜欢看，可是为了看猴爬树，坐着拥挤的公交车去动物园，似乎并不是什么令人开心的事。这里教大家用废弃材料做一个小猴爬树的玩具，你一定会喜欢的。

材料和方法

1. 准备材料：塑料吸管1根，橡皮泥，塑料饮料瓶1只，铅画纸。

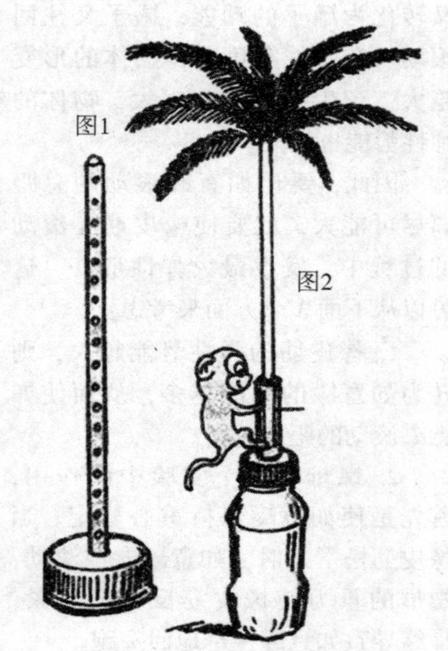

2. 按图 1 取一根内径约 4 毫米的吸管，将它的一端用小团橡皮泥塞住，然后用小锥子在它的前后两侧各钻一行小孔，孔与孔之间约 5 毫米。在钻孔时，将锥子向被塞橡皮泥那端倾斜一点，所有小孔都形成同一角度。

3. 将饮料瓶瓶盖取下，在瓶盖中心钻个比塑料吸管直径略小的圆孔，将吸管的另一端紧紧插进圆孔，并用石蜡密封。

4. 按图 2 将带吸管的瓶盖旋紧在饮料瓶上，再用铅画纸做一个比吸管直径略粗，高约 30 毫米的纸管（可以将纸绕在比吸管略粗的筷子上，接头处用胶水粘好），套在吸管上。

5. 用一张轻纸，对折后画一只小猴，剪下成两只小猴，涂色后将两只小猴身体对贴，双腿分开粘到纸管上。用同样的方法，将铅画纸对折后，在上面画上树冠，沿轮廓线剪下，涂色后对粘在吸管上端，此玩具就完成了。

玩的时候，用双手挤压饮料瓶子，吸管两侧斜向上的小孔喷出的气流推动纸管上升。小猴也就随之上升。若手用适当的力连续快速挤压饮料瓶，小猴就缓缓上升。

易拉罐风车

这里教你做一个易拉罐风车，好玩又环保。

材料和方法

1. 把易拉罐竖向划分为 8 等份，用快刀沿线切开成条状，并在切口上下两端再横切一小口，横切的小口不要连通并要错开位置，以免扭曲叶片时断开。

2. 把切开的 8 个条形，每条都向一个方向扭曲一个角度。角度的大小要一致，再在易拉罐顶端三角形开口处嵌入 1 枚按扣做支撑轴承，易拉罐底部正中钻一个 1.5 毫米小孔。

3. 把自行车辐条上端磨尖，下

端插入一块木板上做支架，把做好的风车模型架在支架上，这时只要有微风吹来，风车即可飞快旋转。

小猫荡秋千

这里介绍一个小花猫荡秋千的电磁玩具。只要接通电源，秋千就会自动摆起来，顽皮的小花猫在起劲的荡着秋千，非常好玩！

材料和方法

1. 准备材料和工具：圆形磁铁、粗铜丝、漆包线、薄木板、硬卡纸、水彩笔和手摇钻等。

2. 绕电磁线圈：用一块截面为20毫米×30毫米的木块作木芯，在上面裹3～4层薄纸做骨架，然后用直径为0.35毫米的漆包线，在骨架上密绕20圈，两头各留出150毫米引出线，再在线圈上涂上一层白胶，使漆包线紧密固定，避免松散。引出线用细纱纸打去绝缘漆。待胶水干透后退去木芯。这样，电磁线圈就制成了，如图1。

3. 在铅画纸上画小花猫，用水彩笔着色，剪下后备用。

4. 参照图2，用薄木板和木条制作木框和底座。

5. 用粗铜丝做2只弯钩固定在木框顶部的两边，然后挂上电磁线圈，使它能在铜钩上灵活地摆动。

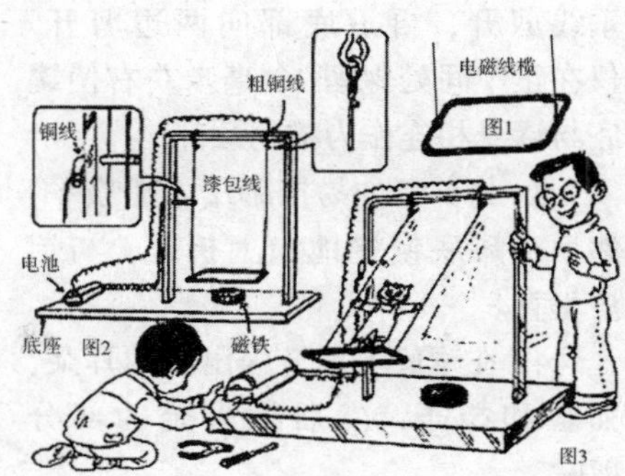

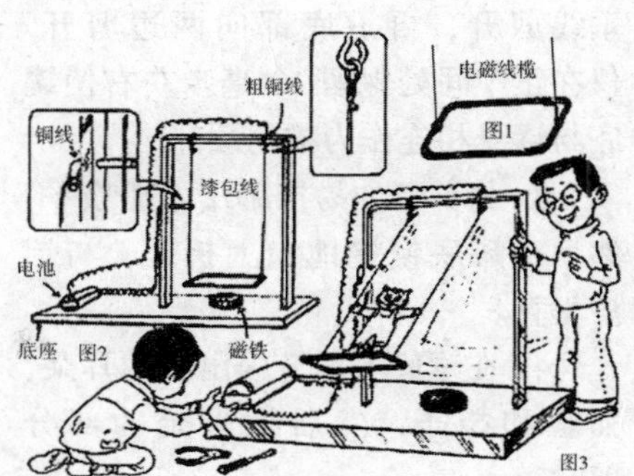

6. 在木框的左边塞入一段粗铜丝，使露出的部分和线圈的引出线接触良好。

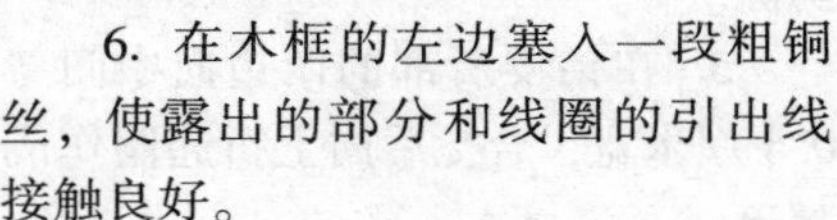

7. 用白胶把圆磁铁粘在线圈的正下方，在装配时注意，磁铁和线圈之间的距离越接近越好。

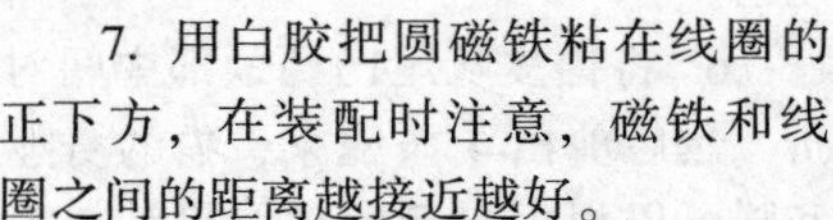

8. 将电池盒固定在底座上，用单股塑料电线将各部分连接起来。

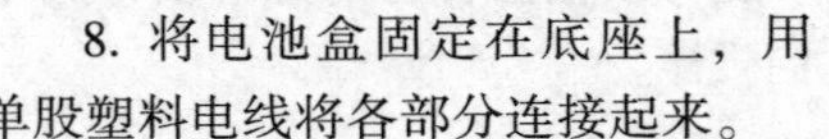

9. 用胶水把小花猫的四肢粘在电磁线圈的两根引出线头上。这样，科学玩具“小花猫荡秋千”便制成了，如图3所示。

易拉罐卡通猫

装饮料的易拉罐，喝完了一般都作为废品扔掉了。这里向同学们介绍如何用易拉罐制作卡通猫。

材料和方法

1. 将易拉罐距上端面15毫米处用剪刀剪去。

2. 从易拉罐的开口处向底部沿

垂线剪开，再沿底部向两边剪开，仅在正中间处保留10毫米左右使罐底与罐身相连作为猫的颈部。

3. 将剪开的易拉罐用木槌敲平，然后将罐底慢慢地向上折起，与铝皮垂直。

4. 在罐底上用笔描出猫的耳朵、猫脸和胡子，然后把多余的部分剪除。

5. 在铝皮后部的两边向中间剪0.5厘米宽，合拢后向上折起制作成尾巴。

6. 将铝皮从尾巴到颈部中间对折，然后剪出4条腿来，猫的身躯和腿可以根据自己的意愿设计成不同式样。

手压式风车

这里教你利用废弃的材料制作一个手压式风车玩具。它简单易做，可当作风车玩，装上水又可当作水车玩。

材料和方法

1. 找一个带盖的饮料瓶，取下瓶盖，在瓶盖半径的1/2处钻一个小孔，在孔中塞进一段长50毫米的饮料吸管。

2. 用废易拉罐，剪一只40毫米×18毫米的长方形铝片，将一段长22毫米的吸管放在铝片中间，用胶带粘牢做轴套，再将铝片弯成S形。

3. 用一段长140毫米的细铁丝穿进吸管做转轴，再将露出轴套两侧的铁丝折成直角，成为Y形支架。

4. 将插吸管的瓶盖盖在饮料瓶上，再将风车放在其上，使支架的两条腿跨在瓶盖上，吸管口要对着风车叶片的凹面，它们之间距离要适当。

5. 调整吸管的高度，使风车转动不受阻为宜，手压式风车就完成了。

玩的时候，手握饮料瓶，用手指对饮料瓶一压一放，空气由吸管口喷出，风车就不停地转动起来。如果在饮料瓶内装满水，再用手挤压饮料瓶，水由吸管口喷出，推动叶轮旋转，就成为水车。

会跳舞的小女孩

这里教你做一个会跳舞的小女孩，当你学习累的时候就可以拿出来玩玩，缓解疲劳。

材料和方法

1. 准备材料：矿泉水瓶、漆包线、大螺栓、硬纸片、回形针、细线、剪刀、胶带、电池。

2. 将矿泉水瓶剪成上、下两部分，取带底的下半部分。

3. 将取下的下半部分倒置，在

它的一侧，接近底部的地方剪一个50毫米×50毫米正方形开口，作为“舞台”。

4. 取0.5毫米漆包线在大螺栓上绕200~300圈，制成电磁铁。

5. 用胶带将电磁铁固定在瓶口上面，并把两根接线穿出瓶外。

6. 用硬纸片剪成一个小女孩形状，然后用回形针做成臂和脚。

7. 用细线将小女孩吊在“舞台口”的底部。

此时，反复连接和断开电源，小女孩就会兴奋地跳舞了。很好玩的！

疯狂的老鼠

一起来动手做一只动不动就疯狂地跑动的老鼠吧！

材料和方法

1. 准备材料：白卡纸200毫米×200毫米1张、普通8开白纸一张、缝纫机线1 200毫米长、五号旧电池1只、橡筋1根、30毫米长细铁丝2根、白乳胶。

2. 按图1要求做滚轮，把橡筋固定在废电池上，再把线固定在轮轴中部。

3. 按图2用白卡纸制作老鼠头部，并且在里面加一层白卡纸，提高抗拉力。

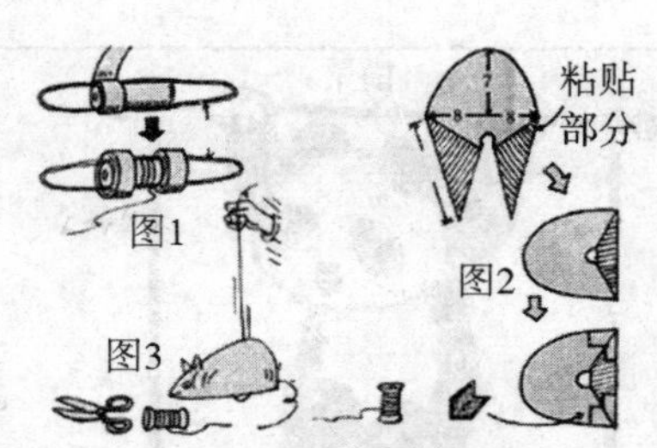

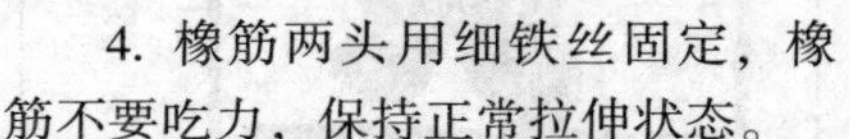

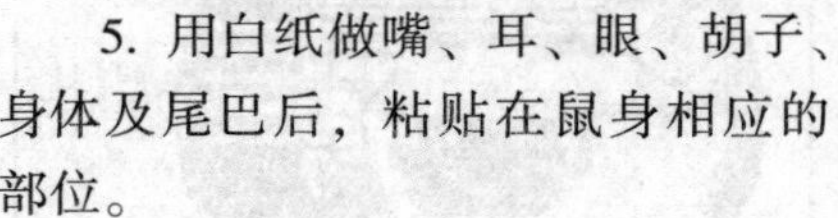

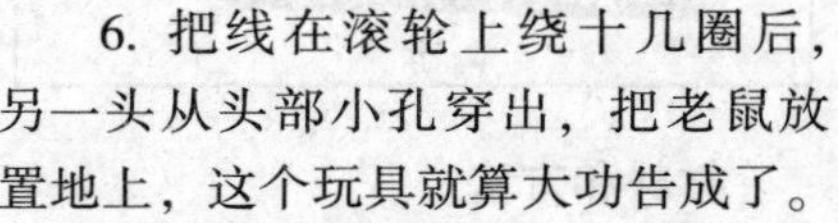

4. 橡筋两头用细铁丝固定，橡筋不要吃力，保持正常拉伸状态。

5. 用白纸做嘴、耳、眼、胡子、身体及尾巴后，粘贴在鼠身相应的部位。

6. 把线在滚轮上绕十几圈后，另一头从头部小孔穿出，把老鼠放置地上，这个玩具就算大功告成了。

玩的时候，用手提放线绳，老鼠就会疯狂跑动。很有趣呢！

小熊猫踩滚筒

看过“踩滚筒”这种杂技节目吗？演员在滚筒上走，滚筒向前滚，人却不会从滚筒上跌下来。这里主要的奥妙就是掌握重心，演员要使自己的重心始终随着滚筒前进，重力作用线要落在滚筒同地面的接触面上。

这里教你做个小熊猫踩滚筒的玩具，如图所示，它同杂技里的踩滚筒很不一样。它的重心低于转轴，小熊猫处于稳定平衡，不用担心它会跌倒。

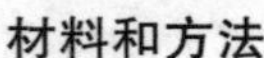

材料和方法

1. 准备材料：塑料瓶 1 个；铁丝 2 根；铅 1 块；图画纸 1 张。

2. 制作滚筒：用废塑料瓶做滚筒，在瓶底和瓶盖的圆心部位各钻 1 个小孔。

3. 制作滚筒架：用一根长 340 毫米的铁丝做滚筒架。找 1 块铅或者锡，中间钻 1 个孔，套入铁丝中间。铁丝中间一段弯成凹形，一头穿进瓶底的小孔里，另一头穿进瓶盖的小孔里，把瓶盖旋好。注意铅块不能碰到瓶壁。把露在外面的铁丝弯成直角（拐弯处不要太紧靠瓶子，以免铁丝卡住瓶子）。在铁丝的两头，各弯一个环。再用一根铁丝做横梁，穿进两个小环里。把这根横梁的两头也弯成小环，使它不能滑出。

4. 制作小熊猫：用图画纸画一只活泼可爱的小熊猫。当然，也可以画顽皮的小猴子、笨拙的小狗熊等。用剪刀把小熊猫剪下来，贴在横梁上。这样，玩具就做成了。

5. 调试：玩具做好后，先要试一试重心是不是在轴线的下方。用手把横梁压平在桌面上，看滚动架能不能回复到垂直状态。如果能，说明重心位置是正确的，玩具做成功了。如果不能，说明铅块太轻，还要加重。

玩的时候，把塑料瓶放在桌子上或者平坦的地面上，用手推塑料瓶，塑料瓶向前滚动，小熊猫踩着滚筒前进，摇摇晃晃，但始终不会倒下来。

袖珍风扇

这里教你做一个袖珍小风扇。它的结构简单，使用方便，在炎热的夏天它会给你带来阵阵清风，使你感到十分凉爽。

材料和方法

1. 准备材料：塑料瓶 1 个；日光灯启辉器铝皮 1 个；圆珠笔芯 1 支；橡筋圈 3 ~ 5 个；细铁丝一小段。

2. 制作螺旋桨：找一个废旧的

日光灯启辉器，去掉内芯，从外壳开口的一端用剪刀分成 8 等份，再用小锤轻轻敲平，成为 8 个叶片。然后把每个叶片扭转一定角度，做成一只叶轮。在叶轮中央钻一个小孔，在这小孔的旁边再钻一个小孔做销孔。

3. 制作机身：找一个塑料瓶做手柄，在瓶底和瓶盖上各钻一个小孔。

4. 安装橡筋圈：用一段细铁丝，穿入叶轮中央的小孔。细铁丝顶端弯一个小钩，钩住叶轮旁边的小孔，使叶轮和细铁丝固定在一起。细铁丝的另一端套入一段圆珠笔芯后弯成小圆环，把橡筋圈挂在小圆环上。橡筋圈的另一端穿到塑料瓶底外面，然后用一根小棍锁住，再用一小块橡皮膏把小棍贴牢在塑料瓶底上。这样小风扇就成功了。

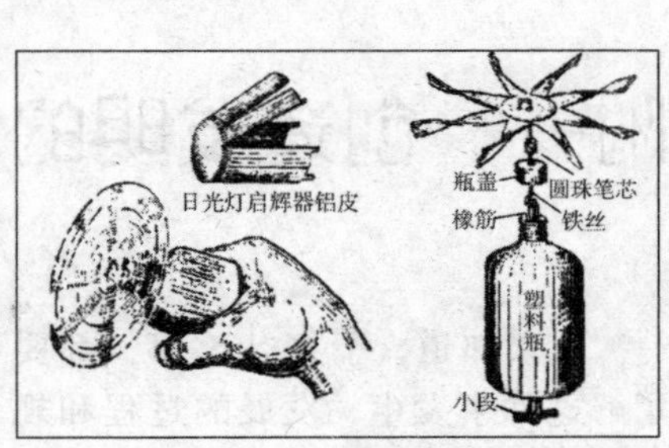

玩的时候，用手指轻轻转动叶轮，绞紧橡筋圈，然后放开手指，叶轮就很快地旋转起来了。把钉尖打弯。要使两只下肢之间保持一定的间隙，以便使细绳能够在两只下肢之间顺利通过。然后找一根橡筋圈，绕过下肢的一根铁钉，把橡筋圈挂在铁丝杠杆右边的弯钩上。最后，用一根 500 毫米的细绳，照图穿好。这样玩具就做成了。

附一 创造发明的常用方法

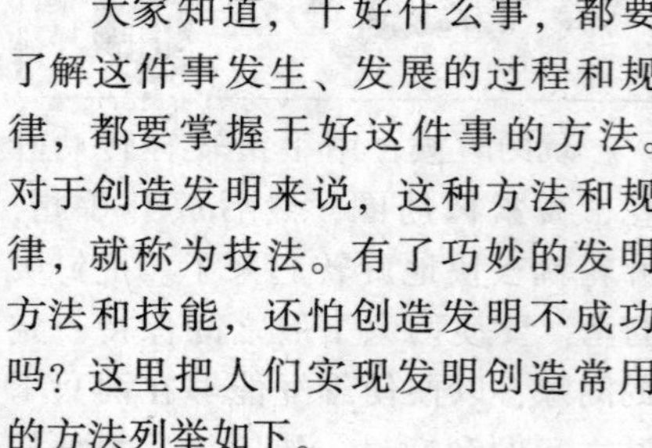

大家知道，干好什么事，都要了解这件事发生、发展的过程和规律，都要掌握干好这件事的方法。对于创造发明来说，这种方法和规律，就称为技法。有了巧妙的发明方法和技能，还怕创造发明不成功吗？这里把人们实现发明创造常用的方法列举如下。

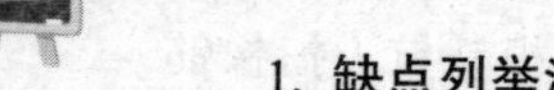

1. 缺点列举法

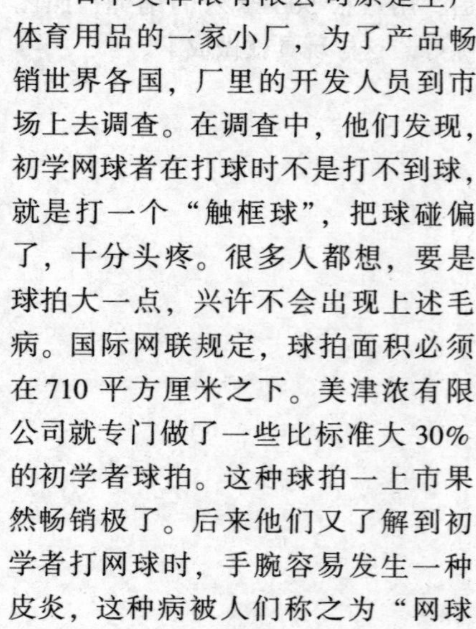

日本美津浓有限公司原是生产体育用品的一家小厂，为了产品畅销世界各国，厂里的开发人员到市场上去调查。在调查中，他们发现，初学网球者在打球时不是打不到球，就是打一个“触框球”，把球碰偏了，十分头疼。很多人都想，要是球拍大一点，兴许不会出现上述毛病。国际网联规定，球拍面积必须在710平方厘米之下。美津浓有限公司就专门做了一些比标准大30%的初学者球拍。这种球拍一上市果然畅销极了。后来他们又了解到初学者打网球时，手腕容易发生一种皮炎，这种病被人们称之为“网球腕”，发生的原因是因为腕力弱的人，在运动前没有进行足够的力量练习也没有采取其他保护措施，在打球时发生腕震而造成的。于是，该公司又发明了减震球拍。他们用发泡聚氨酯为材料，但是经过试验，发现打起球来软塌塌的，很容易疲劳。又重新进行了试验，终于制成了著名的“减震球拍”，产品打进了欧美各国。这里，他们运用了什么技法呢？这种技法叫做缺点列举法。什么叫缺点列举法？从上面的实例中，我们明白，缺点列举法就是通过发现、发掘事物的缺陷，把它的具体缺点一一列举出来，然后，针对这些缺点，设想改革方案，进行创造发明。缺点列举法是一种行之有效的发明技法。因为任何事物都不是十全十美的，总是有优点也有缺点。或者，今天看起来没有缺点，但是过了一个较长的时间，它的缺点却暴露出来了。

人常有一种惰性，对于正在使用着的东西，看久了，习惯了，就认为理该是这样。比如家用小铁铲，祖祖辈辈已经使用几十年了，人们认为它的结构是天然合理的，常常

看不到它的缺点，即使看到了，也认为“就是这个样”。我们对产品不可能件件都使用过，而使用过这些产品的人，对产品的优点、缺点是最清楚的。因此，我们要到最有发言权的使用者那里听取意见，并亲自体验，了解缺点的症结所在。30多年前，日本有个名叫喜八郎的人听他的一位朋友说：“今后体育要大发展，运动鞋是不可缺少的。”于是，他决定跨入生产运动鞋这一行业。他想，要在运动鞋制造业中打开局面，一定要做出其他厂家没有的新型运动鞋。同时，他想，任何商品都不会是完美无缺的，如果能抓住哪怕针眼大的小缺点进行改革，也能研制出新产品来。这样，他便选了一种篮球运动鞋进行研究。他先访问优秀的篮球运动员，听他们说目前篮球鞋的缺点。几乎所有的篮球运动员都说，现在的球鞋容易打滑，止步不稳，影响投篮的准确性。他还和运动员一起打球，亲身体验到这一缺点。于是，他围绕打滑这一缺点进行革新。有一天他在吃鱿鱼时，忽然看到鱿鱼的触足上长着一个个吸盘。他想，如果把运动鞋底做成吸盘就不会打滑了，于是吸盘型鞋底就问世了。

2. 希望点列举法

达·芬奇是15世纪的意大利人。他曾希望人们能利用自己的力量飞上天。于是，他从愿望出发，设计了一种人力飞机，让人扒在上面，手脚一齐用力，使装有羽毛的飞机两翼像鸟一样，扑动并飞翔起来。尽管画的这个设计没有成功，但希望用人力为实现飞行的愿望，经过人们几百年的努力，终于成功了。现在的人力飞机不仅能飞起来，而且能飞过英吉利海峡。达·芬奇的愿望实现了。达·芬奇的发明技法叫什么呢？就称为希望点列举法。

希望点列举法就是发明者根据人们提出来的种种希望，经过归纳，沿着所提出的希望达到的目的，进行创造发明的方法。希望点列举法不同缺点列举法。后者是围绕现有物品的缺点提出各种改进设想，这种设想不会离开物品的原型，因此，它是一种被动型的创造发明方法；而希望点列举法则是从发明者的意愿提出各种新的设想，它可以不受原有物品的束缚，因此，它是一种积极、主动型的创造发明方法。现在，市场上许多新产品都是根据人们的“希望”研制出来的。例如，人们希望茶杯在冬天能保温，在夏天能隔热，就发明了一种保温杯。人们希望有一种能在暗处书写的笔，就发明了内装一节五号电池、既可照明又可书写的“光笔”。在研制一种新的服装时，人们提出的希望有：

不要纽扣，冬天暖夏天凉，免洗免熨，可变花色，两面都可以穿，重量轻，肥瘦都可以穿，脱下来可作提物袋，等等。现在，这些愿意大多数都在日常生活中变成了现实。

3. 设问发明法

设问发明法也称聪明的办法、检核表法。它享有创造技法之母的称号。夜光粉是一种用量少、用途不大的发光材料，多用于钟表和仪表。现在有人提出，它能有更大的用途吗？这个设问，有人研制成夜光纸，可以裁剪成任何形状贴在夜间黑暗环境中，指示开关位置所在，既方便，又安全。可贴在火柴盒上、煤油灯座上、山区公路转弯处、楼梯扶手处等。

这种发明技法叫设问发明法。设问发明法根据需要解决的问题，或需要创造发明的对象列出有关问题，然后一一核对思考，促进创造发明。可以设问现有的发明有无其他用途？能否引入其他创造性设想，或替代，或借用？现有发明可否改动一下？可否缩小、减轻、分割？可否扩大用途，延长寿命？可否更换型号或顺序？可否颠倒过来？有无替代用品？现有的几种发明是否可以组合一起？……从这段设问中可以获得解决问题的方法和创造发明的设想。

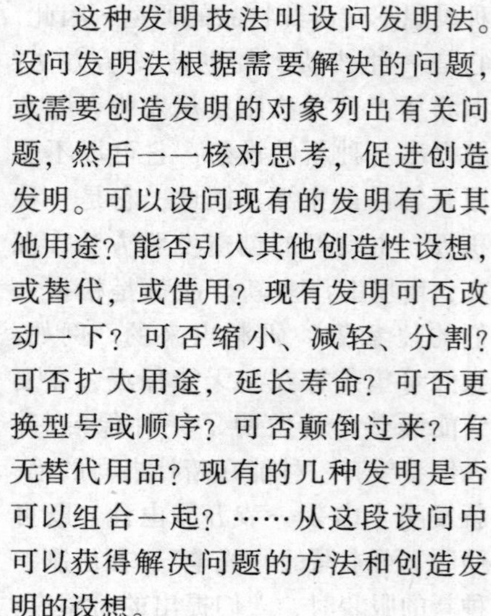

4. 联想发明法

瑞士工程师乔治·德梅斯特拉尔很喜欢打猎。每次打猎回来总发现有一种大蓟花粘在他的衣服上，粘得很紧，不易摘下。他逐渐对这种长有倒刺的野花发生了兴趣。有一次，他摘下一朵花放在显微镜下观察，发现花上长有许多小钩子。原来是这种小钩子紧紧地粘住了布料！由此，他联想到，假如在布上放置一些类似的小钩子，不就能够将两片布牢固地粘合在一起吗？经过反复思索，德梅斯特拉尔认为自己的设想是符合实际的。于是，他采取分析和类比的方法，经过 8 年的研究实验，终于制造出由两条尼龙带组成的尼龙搭扣。具体结构是：在一条尼龙带上布满小钩，另一条上布满小圈，将二者相对挤压就能牢牢地粘合一起了。这项发明是在 1957 年完成的，相继在许多国家获得专利权。这种创造发明技法叫联想发明法，也叫想象法。

5. 组合发明法

橡皮和铅笔是两项不同的技术成果。一位贫穷的画家威廉把它们组合在一起，发明了把橡皮包在铅笔头上的铅笔。他获得了专利。他把这个专利和专利权卖给了拉巴地布铅笔公司，使该公司每年仅专利

费一项收入达50万美元。有一家音乐工业公司的技术员豪斯菲尔德，把超声检查仪与计算机图像识别两项技术组合起来，发明了能够进行人体内探测的CT扫描仪器，因而获得了诺贝尔医学奖。

这项发明技法叫组合法。它是在创造发明中，把多种技术成果综合在一起，构思出新颖的设计和独特的功能的方法。

组合法是详细构思设想的有效途径。有人对1900年以来的480项重大成果进行了分析，发现从1950年以后，组合型的成果的数量远远超过了突破型发明的数量，成为占主导地位的技术。组合型的技术发明使技术更加完善、成熟。组合法也有一定的规律可循。在有了某个创造性设想，或者谋求某种特殊功能的时候，我们可以从原理的组合、内插式组合、辐集式组合等三种形式，从不同的角度进行发明设计。

6. 逆向思考法

电磁感应现象是科学家法拉第一生中最重要的科学发现。大家知道1820年，奥斯特发现了电流的磁作用，当电流在金属丝中流动时，金属丝附近的磁针会偏向一边。不久，安培也发现带电流的导线能像磁铁一样相互作用。法拉第在了解了前人的知识后，用逆向法进行了思考。他想：既然电流能产生磁，那么磁能否产生电呢？为了验证这一想法，他和他的助手进行了多次实验。直到1831年，他偶然地把一根磁棒掷到一个线圈中，引起了电流的出现。法拉第发现的这一现象叫做电磁感应现象。他的这一划时代的重要发现，奠定了今天电磁学的基础，同时导致了发电机的发明。这种发明技术法叫做逆向思考法。当人们按照常规思考问题时，常常受到经验的支配，不能全面地、正确地分析事物。而倒过来想一下，采用全新的观点看事物，却往往有所发现。

7. 移植发明法

广东省南雄县南龙中学初中一年级的杜建国同学发明了“折叠玩具箱”。他是把每个箱子装一类衣服和折叠式用具的原理移植来的。他想：家里玩具多，放在一个箱子里，往往为找一件玩具翻箱倒柜。于是想出了办法，用三合板做了一个折叠式玩具箱。它和折扇差不多，每个小盒用铰链连接，既能打开，又能合拢，还挺轻便。他还在每个小盒上贴上标签，写上每个盒子里有什么玩具，找起来方便多了。

这种创造发明技法叫做移植发明法，也称移植法、渗透法。这种技法是将某个学科领域中已经发现

的新原理、新技术、新方法，移植、应用或渗透到其他学科、技术领域中去，为解决其他学科、技术领域中的疑难问题提供启动或帮助，从而使它得到新进展的一种创造发明方法。

从思维的角度看，移植法可说是一种侧向思维方法。它通过相似联想、相似类比，力求从表面上看来仿佛是毫不相关的两个事物或现象之间，发现它们的联系。因而，它与类比发明法（简称类比法）、联想发明法（简称联想法）有着密切的关系，在很多情况下还与灵感思维有关。

8. 巧妙仿生法

地球上的生物在漫长的进化过程中，通过自然选择，形成了许多卓有成效的器官或形态，其结构的精巧和可靠达到了令人难以置信的地步。例如，螳螂能在0.05秒的瞬间，计算出眼前小昆虫的速度、方向和距离，并能将其一下子捕获。蝙蝠是靠超声波定位的，蝙蝠的超声波定位器只有几分之一克，但是它能精确地导向，蝙蝠能依靠它迅速捕到昆虫，上万种蝙蝠在一个山洞里飞翔互不碰撞。生物具有各种丰富多彩的功能，具有复杂和精巧的结构，其奇妙程度是难以想象的。我们能否把生物的这些功能、结构运用到技术发明上去呢？

有一门仿生学的科学，它就是把各种生物系统所具有的功能原理和作用机理作为生物模型进行研究，希望在技术发明中能够利用这些原理和机理，实现新的技术设计并制造出更好的新型仪器、机械等。其实，某些动物的器官很值得模仿制造。例如，螳螂的钩头大刀、壁虎脚上的吸盘、树懒的爪子、鳄鱼的鳞片、袋鼠的尾巴等，都和我们日常生活中的某些工具或物品相似。或许，从模仿这些动物的器官中可以获得某些有益的东西。

9. 废物利用法

江苏省靖江县斜桥中学初中三年级的朱力同学，14岁时做出了简易铅笔刀这件小发明。他说“我有一把大人刮胡子用的废刀片，削铅笔很快，但是，刀片容易断，真可惜。用纸板剪两个等腰三角形，中间挖一个矩形方孔，用三个鞋眼钉起来，把刀片夹在里边，就好用多了。”

这些小发明构思巧妙，少花钱，有实效，废物利用得多好啊！这种发明技法叫做废物利用法。废物利用法应用广泛，大有作为。近些年来，随着各国工业的发展，公害已成为世人所关注的重大问题。由于大气、水源和土壤等环境污染日益加重，人类的健康受到严重的威胁，公害事件不断发生，生态系统也遭到破坏。为此，许多国家都专门制订了环境保护法，成立了专门的行政管理机构，同时加强了环境的监测和治理。各种各样的废物旧料，经过科学的分析之后，还可以发现它们具有反复利用的价值，产生多次增值的效果。科学研究表明，鸡的消化肠道比较短，食进的饲料还未充分吸收就排出体外。因此，在鸡的粪便中还含有较多的营养物质，经过适当的处理后，就可以用来喂猪。而猪的粪便可以放进沼气池发酵产生沼气，沼气可以用来点灯点火。发酵后的沼气液可以用来灌溉农田。

10. **专利发明法**

在查阅专利文献的基础上创制发明新产品是一种很好的发明技法。1938 年，匈牙利拜罗和他的弟弟申请了圆珠笔的专利，第二次世界大战期间开始在阿根廷正式生产。美国人雷诺兹从专利文献中得到了这个情报，1945 年，他设法弄到一支这样的圆珠笔回到美国。雷诺兹断定，圆珠笔将有一定的销路。为此，他极力想制造出一种新的圆珠笔，但又不能同拜罗的专利相冲突。最后，在专利律师的帮助下，雷诺庇终于试制出一种新型的圆珠笔。这种圆珠笔畅销世界，销售量远远超过了拜罗的圆珠笔。这种发明技法称为利用专利发明法，简称专利发明法、专利分析法。它是一种利用情报、专利的发明方法。

同学们！看完这些方法是不是有马上动手，把自己的灵感记录下来的想法呢？马上记录下来吧，也许你的这个发明，会给很多人带来更加方便或舒适的生产、生活方式，来做个发明家吧！

附二 创造发明的程序

任何发明创造都有其相应的程序和步骤，同学们要创作的发明虽小，过程也是很艰难的。哪怕是一件极其简单的小发明作品，它的创作都不是一想而就，一作而成的。没有细心观察，善于联想，绝不会有闪光的发现；没有绘图制作，反复实验改进，绝不会有成功的作品。“观察→联想→设计→绘图→制作→实验”，整个创作过程的各个环节，都不可忽视。只有把握住交叉反复的各个环节，才能搞出高水平的小发明。这里简单给你简述一下小发明的创作程序。

第一步：观察

观察是小发明入门的向导。世界闻名的生物学家达尔文说过，我既没有突出的理解力，也没有过人的机智，只是在觉察那些稍纵即逝的事物并对它进行精细观察的能力上，我可能在众人之上。要想搞小发明作品，首先要注重观察，善于观察周围的事物，提高自己的观察能力。

例如，获得全国第一届青少年科技创造发明比赛一等奖的“方便香皂盒”，发明者就是通过观察一般香皂的结构和特征，发现了它的不足：由于盒里潮湿，常常使香皂和盒子粘住，不易取出来。然后巧妙地运用了杠杆原理进行构思、设计、制作。当人们打开香皂盒时，杠杆使盒里的香皂立起来，使用起来很方便。可见观察是创造发明的基础，任何创造发明都来自对事物的认真观察。

事实上，每一个人每一天都在观察，但是有些人能从观察中发现发明课题，而有些却不会。为什么呢？法国细菌学家巴斯德说得好：“在观察的领域中，机遇只偏爱那种有准备的头脑。”

第二步：联想

什么叫联想？联想是从一事物想到另一事物的心理过程。从当前的事物回忆起有关的另一事物，或从想起的一件事物又想到另一事物，都是联想。联想能力就是旧观念同现实结合，进而产生新观念的能力。联想能力强的人容易捕捉发明课题，容易形成新的构思。

联想可以使大家接收到更多信息的启示，激发灵感，加速小发明的进程。要想做到善于联想，就要有广博的知识、丰富的阅历，并勇于突破传统思想和习惯势力的束缚。

第三步：设计

同学们针对某一事物的优缺点，提出了大量的问题和产生了众多的联想，由于受知识的限制，其中有的是可能达到的想象，有的是创造性的积极幻想，但也有的是毫无把握的空想。要获得“小发明”的课题，还必须从联想中进行筛选，淘汰那些不切合实际或暂时达不到的想法。

通过筛选，有了基本上可行的课题，就可以进行初步的设计。在对某一课题的各种设计中，又会出现简单问题复杂化和复杂问题简单化的情况，既有具备创造性、先进性的，也有无创造性、过时的；既有具备使用价值的，也有无使用价值的。这时就需要辅导老师帮助你们再次进行筛选，寻找确属小发明的可行的设计方案。

第四步：绘图

对于中小学生来说，可行性设计方案往往只是一个想象的粗浅轮廓。无论想象物多么简单，都必须绘出加工图纸（根据不同年龄、年级，提出不同的要求）。这是制作小发明前的必要步骤。同时，这也有利于训练绘图能力，培养同学们科学的严谨细致的工作作风。

第五步：制作

有了加工图纸，准备好原材料和各种制作工具，然后按图纸进行制作。制作中，如果发现图纸有问题，可以修改图纸或者重绘。当然，在制作中还可能会遇到各种意想不到的困难，这需要请辅导老师和家长协助排除。

第六步：实验

小发明作品制作后，要进行实验。在实验中证实或修订自己设计的方案。小发明作品是要不断改进的，需要多次的观察、联想，反复的设计、绘图，进行再制作，再实验。

第七步：说明

发明作品完成后，公开时，要写出说明书，以便推广使用。说明书的内容，一般包含功能、结构、器材、制作、操作、原理等几个方面。有些发明作品，一看示意图就明白的，就可写得简单一些，不要面面俱到。